MONDO

BATMAN
THE ANIMATED SERIES
COMPOSED BY DANNY ELFMAN
WATERTOWER
MUSIC
SIDE A
MAIN TITLES (1:02)
END CREDITS (0:34)
45 RPM

THE ART OF SOUNDTRACKS

黑胶唱片设计艺术典藏

[美] Mondo 公司 [美] 托德·吉尔克里斯特 编
后浪电影学院 译

四川美術出版社

MANIAC
ORIGINAL MOTION PICTURE SOUNDTRACK

WALTZ

序一

文 / 迈克尔 · 贾基诺

我把童年的时间全部花在自己的便携式 RCA 接口唱机上了。那是我叔叔皮特送的礼物，他在费城市中心大道上开了一家电器店，出售从冰箱到调音台立体声系统等各种产品。那是我小时候最喜欢去的地方，因为他总会从店后面的储藏室里找一些宝贝给我。

唱片公司会送给他成箱的演示唱片，这些唱片不可避免地会被挪进我们新泽西州的家里，让我得以接触到一些生平最难忘的唱片外观艺术设计。

这些唱片的封面开启了我一生对马丁 · 丹尼（Martin Denny）、埃斯基韦尔（Esquivel）、莱斯 · 巴克斯特（Les Baxter）等大师的异国音乐的热爱。每当我听到这些音乐，思绪立刻回到为这些唱片增色的美术或摄影封套作品上。每一份唱片的美感都自成一体，是一次存在于唱片乙烯基凹槽之间、进入音乐世界的迷你冒险。

然后就是电影原声类的唱片。每一张的封套都是一个入口，带人重温激动人心的电影院体验。事实上，在家用录像系统、DVD 和流媒体出现之前，电影一旦从影院下映，人们再次体验一部电影的唯一方式就是购买配乐专辑。只要你说出任何一部电影的片名，我就可以告诉你该片唱片封套的艺术设计是什么样的。对我来说，原声唱片和电影本身一样重要。想象一下，一边盯着《第三类接触》（*Close Encounters of the Third Kind*，1977）的唱片封套听配乐，一边渴望沿着封套画上那条通向光明的路一直行驶下去。只要一张完美的图加精彩纷呈的音乐，就能把我带回电影院。

回顾不久之前，大多数唱片处于灭绝状态。然后，Mondo——一家记得拥有和聆听黑胶唱片配乐是什么感觉的公司——横空出世了。

试想一下，在他们设计唱片专辑封面图时，可以方便地使用电影推广时使用的各种海报物料素材，那也很不错呀。然而，Mondo 却做了新颖且大胆的艺术性声明，以一种持久的创造性方式来纪念一部电影。每一张唱片的封面都是一件艺术品，激起了我小时候无休止地翻检唱片箱的那种兴奋感。

希望你们喜欢这本让 Mondo 成为黑胶之王的唱片艺术设计画册。这本书让我想把自己所有的旧唱片都翻出来（还真都保存到现在了！），一边阅读封套上的内容简介，一边再播放一次。也许你也应该这么试试！

序二

文 / 莫·沙菲克

当我开始在 Mondo 工作时，是 2011 年，这家公司是一匹斗志旺盛的黑马，拥有狂热的粉丝群体，狂热到其热情与公司的创作野心不相上下。我被聘为总经理，但手下连一位兼职的下属都没有。我得到的似乎是一个奇怪的职务名称，因为它只代表一个非常模糊的增长计划，从来没有人直接宣布过这个计划。增长真的意味着多样性。那时候，人们知道我们是一家海报公司，但我们已经在冒险摆脱这个标签，生产《钢铁巨人》（*The Iron Giant*，1999）的纸制手办，就像你在老式万圣节商店里看到的那种；重新发行了 20 世纪 80 年代《巨锤惊魂》（*Sledgehammer*，1983）和《邪物》（*Things*，1989）等为录像带格式拍摄的经典邪典电影；为 2010 年重拍的《大地惊雷》（*True Grit*）制作了激光蚀刻木墙艺术作品；以及尝试了以《小精灵》（*Gremlins*，1984）为主题的圣诞饰品和包装纸。

我被告知，在上述这些产品的生产过程中，我们还会发行一张实体黑胶唱片：由杰伊·查塔韦创作的恐怖电影《剥头煞星》（*Maniac*，1980）的配乐。这部电影已经有一张由肯·泰勒创作的海报挂在我们店里了。影片本身将定义"必收的 Mondo 产品"清单，清单上有一长串新员工看了会受益的片名，清单长到哪怕只是从公司速记的角度看看也会受益。

以这些项目开发和产品销售的速度，我不可能预测到查塔韦的电影配乐能为一条独特的 Mondo 产品线成功奠基（现在我们的录像带已经停止生产，礼物包装纸也从未真的有起色）。但是对于第一次黑胶唱片发行的成功，Mondo 的联合创始人罗布·琼斯（Rob Jones）并不感到意外。毕竟，做唱片产品的创意来自他本人。他曾经告诉我，做唱片品牌这一想法，源于他痴迷的一部名为《彻底失败》的电影[1]未能发行原声专辑。当我们为经典迪士尼电影和现代恐怖电影发行原声唱片时，我总会回想起这部片子。可悲的是，我们仍然没有做这部电影的原声唱片，但可能会在《Mondo 黑胶唱片设计艺术典藏》第二卷里收录它吧。罗布的事情，稍后接着聊吧……

《剥头煞星》的原声唱片成功之后，我们在 2012 年夏天制作了第二张原声唱片：法比奥·弗里齐的《鬼驱人》（*The Beyond*，1981）。这对我们的前首席执行官贾斯廷·伊什梅尔来说又是一次惊喜。当他最终意识到唱片事业有搞头时，他向我提出了一个建议："你想管理一个唱片品牌吗？"

我有音乐行业的职业背景——在过去的十年里，我一直是音乐巡演的活动落地经理，而且似乎我个人对电影配乐的热爱和对黑胶唱片这一形式跃跃欲试的兴奋已经溢于言表[2]。自然而然，水到渠成。但伊什梅尔建议的第二部分更可怕：他要求我在接下来的一年里每月发行一部新的黑胶原声唱片。

现在回想起来这个建议十分不实际，实现起来太困难了（但 2013 年，在预期的 12 张碟中，我们发行了 10 张）。如今，我和我的搭档每年最多能发行 50 张新唱片。但第一年运作的唱片公司就像一个循规蹈矩的厂牌，进度紧张，忙着打基础，尚未成型。不过，我们基本专注于单一赛道了。那一年，我们发行了《吵闹鬼》（*Poltergeist*，1982）、《亡命驾驶》（*Drive*，2011）、《遗落战境》（*Oblivion*，2013）和《突袭》（*The Raid*，2011）等原声唱片，电视剧《魔界奇谭》（*Tales from the Crypt*）主题曲，以及约翰·卡彭特为《月光光心慌慌》（*Halloween*，1978）创作的开创性电影配乐。

在大洋彼岸，斯潘塞·希克曼[3]正在建立自己的 Death Waltz 唱片公司。每当我们认为 Mondo 发行的原声唱片大获成功，这家唱片公司都会发行一部更有名的类型片的原声唱片。当我们同时发布各自版本的同一部电影的原声唱片——2013 年翻拍版《杀人狂魔》（*Maniac*）——时，情况变得有些极端。当时，我们开始互相竞争。在 Mondo，我们开始狂热地搜集影片和授权许可，担心 Death Waltz 会抢先一步发行。

有趣的是，当有机会与斯潘塞见面时，我们正在洛杉矶开会。那是一个极其客气但可以理解的尴尬场合，也是一个我们现在经常自嘲的时刻，因为我们曾经将对方视为对手真的是想太多了。我们最后成了合作伙伴，友好地同时维持两家公司的经营。

那次会议也很重要，我们在那次会议上对其他唱片品牌做同一个题材产品的情况形成了普遍的应对做法。这就是我们在官方网站上列出其他唱片公司的原因，这就是我们邀请其他品牌参加我们的 Mondo 大会（MondoCon）的原因，这就是我们在每周时事通讯中提供唱片推荐信息的原因。黑胶唱片这个营生是如此具体和怪异，有点莫名其妙，以至于我们能做得起来简直是一个奇迹。能体会到这一荣幸的人都应成为盟友和潜在的合作伙伴。

把电影原声做成黑胶唱片集已经有将近十年的历史，仅 Mondo 公司就发行了两百多部作品。包括这本书在内，一切东西逐渐结合在一起的过程令人着迷。从最初的一次性产品发展成如今成熟的唱片公司，这一切演变得非常自然。但一路走来，已有数百人参与其中，包括艺术家、工作室合作伙伴以及与我们合作的唱片公司。所以，本书在结尾列了一份相当全面的致谢清单。

但说回罗布……

我想把这本书献给罗布·琼斯——这家公司里默默无闻的英雄。如果你在谷歌上搜索他本人及其荣誉，会发现无数的演出海报（gig poster）、古怪的服装、一座格莱美奖，以及一些"冒失鬼小兵"的巧妙插画。但你找不到无限的好奇心、深入研究的参考资料或忠实的粉丝群体，这些都是这家公司的基础。他亲手创造了这个奇怪的小生态系统，坚定不移地持续给予无与伦比的奉献，并且永远地鼓舞着每一个人。

1 罗布·琼斯心中的神作《彻底失败》（*Ladies and Gentlemen, the Fabulous Stains*，1982）目前仍未发行任何形式的原声音乐产品。我们还没找到相关权利的持有方。如果你或你认识的任何人有任何信息，可以发行黑胶唱片形式的原声音乐，请发电子邮件至 fabulous.stains@mondoshop.com 告诉我们，谢谢。

2 如果你在 2012 年问我，我会告诉你我心中的神作是丹尼·艾夫曼为电影《蝙蝠侠》（*Batman*，1989）创作的配乐，但实际上，我最爱的是普林斯（Prince）为该片创作的配乐。

3 斯潘塞心中的神作之一是范吉利斯（Vangelis）为《银翼杀手》（*Blade Runner*，1982）创作的配乐。如果一切顺利，当你拿到本书的时候，这张唱片就会发行。

Tom French

序四 传世的贡献

文 / 托德・吉尔克里斯特

原声配乐一直是电影艺术中一种独特、可收藏的艺术形式，诱惑影迷把它带回家，检验和重温电影中的音乐景观。过去几年里，Mondo 公司已经通过发行一系列产品，将这种隐喻性的画布转变为字面意义上的画布，原声配乐的黑胶唱片不仅成为精心制作的艺术品，也已成为跟电影本身一样独特且有价值的实物纪念品。Mondo 将卓越的配乐呈现与高级精致的设计、启发主题的包装相结合，为可收藏的媒介设置了全新的质量标准，并在音乐行业中 MP3 即将永久性替代实体黑胶唱片的关键时刻，取得了开创性的成功。

虽然黑胶唱片在当代已成为电影行业的基石，但 Mondo 在 2011 年发行第一部电影原声配乐唱片（即重新发行杰伊・查塔韦 1980 年为《剥头煞星》创作的充满威胁感、刺耳的电影配乐）时，黑胶原声还不是电影营销的既定组成部分。Mondo 靠之前在授权服装、玩具和印刷品方面取得的成功，希望凭借自己与全球艺术家的良好关系，设计出能够唤起经典电影灵魂和情感的封面，无论这些经典影片晦涩难懂还是万众瞩目，备受喜爱还是明珠蒙尘。实际上，这种方法前所未有——几十年来，原声唱片的封套图几乎只是一张经过编辑或缩小的海报图——其效果是 Mondo 发行的唱片有了一种独特的外观，突出作曲家和表演者的特殊贡献，同时让品牌包装区别于影片官方的搭售品。即便如此，Mondo 的每个成员都跟大众一样，对早期的成功感到措手不及。

Mondo 的品牌经理莫・沙菲克说："人们有一种雄心，想制作一些真正有趣的、回归经典、独一无二的收藏品。第一次发行黑胶唱片的感觉正是如此。所以当它卖完的时候，我们都有点'哦，该死！'因为对成功感到不明就里。一年后，Mondo 继续推出的《鬼驱人》唱片又一次快速卖完时，他们喊我坐下来说：'（我们）明年打算每个月出一张唱片。'"沙菲克，这位前音乐巡演经理愉快地接受了挑战，但他很快发现做授权类音乐是一个复杂而费力的过程。Mondo 希望与之合作的公司——甚至是已经合作过海报或收藏品的人——也很难改变自己的传统思维，理解 Mondo 巨大的成功。"我们当时都认为获得授权会很容易，但事实并非如此。"

最终的解决方案是 Mondo 招募一位活跃在音乐行业的业内人士。此人有足够人脉和经验创建一个持续的渠道，帮忙引导整个系列的作品尽快制作面世。斯潘塞・希克曼，英国独立唱片公司 Rough Trade 的元老，是一位完美的候选人，尤其是他当时刚刚起步的精品原声唱片公司——Death Waltz 是当时 Mondo 最大的竞争对手。"我们成功做到的事情，他当时也在做，而且做得一样好。就算没有超越 Mondo，也是年轻人交口称赞的品牌。"沙菲克说，"这令人心生敬畏，因为他身处千里之外，是一位知道自己在做什么的行业巨头，让我们对自己做的一切都产生了冒名顶替综合征的心态。"

尽管 Death Waltz 公司最初发行的几部作品号称拥有类型片杰出导演的全明星阵容，包括约翰・卡彭特（《纽约大逃亡》）、法比奥・弗里齐（《生人回避 2》）和理查德・凯利（《死亡幻觉》），但希克曼坚称，他从未将自己视为电影原声黑胶唱片这个蓬勃发展的社群中的权威或领袖人物。"我对 Death Waltz 的构想并不是让它变成一个有名品牌或市值巨大，或者生产每个人都渴望的产品。"他说，"我只是一生都在音乐领域工作，热爱电影和电影配乐，有机会也有能力去做一些事情。"

Mondo 想得到希克曼拥有的业内信誉的同时，希克曼也需要 Mondo 的基础制度。经过几个月的谈判，两家公司达成协议，Mondo 允许 Death Waltz 独立运营，并将同时发行这两个品牌的唱片。"斯潘塞完全靠自己，这就是我们和他的区别。"沙菲克说，"他看似轻松，但也步履艰难。于是我们把彼此的力量联合起来，让斯潘塞有一个团队支持，变得更轻松。"

希克曼也同意这个说法，他认为品牌各自的优势和劣势可以互补。"Mondo 把我带入了一个闻所未闻、全新的艺术家世界，也把 Death Waltz 介绍给了以往只购买 Mondo 作品的大量受众。Death Waltz 有一群真正的铁杆粉丝，买唱片只为了听音乐。品牌合作有助于这些人接纳 Mondo，因为当时 Mondo 在做海报和服装，我猜人们认为他们做唱片只是玩票，不是真正要做精品。事实并非如此。"

随着 Mondo 的产品目录不断扩大，沙菲克和希克曼发现，他们争取到了更多的权利和机会意味着担负了更高水平的责任，最终鼓励他们承担更大的创作风险，无论

GREMLINS
SIDE A

是每张唱片的设计还是影片的选择。“对原声配乐来说，艺术方向是最重要的，决定了我们要做的事情，”沙菲克解释道，“因为原声配乐重新发行时，哪怕只是最轻微的修改，都必须请最初的创作者全部批准。因此，我们觉得不妨做一个有趣的新版本，既令人兴奋又有意义，足以说服创作者们。”希克曼补充道，“因为我们发行的作品从《死亡高潮》（*Deathgasm*，2015）到《美食总动员》（*Ratatouille*，2007）再到《猫女乐队》（*Josie and the Pussycats*，2005）都有，这些唱片全都自有其受众——他们找到了自己的观众。Mondo 现在已经足够强大，可以在更小众的东西上冒险。”

Mondo 和 Death Waltz 一起创造了一些收藏家们见过最奢侈的唱片包装：杰里・戈德史密斯为《吵闹鬼》创作的非凡配乐，其双层黑胶唱片可以在黑暗中发光；内森・约翰逊为《环形使者》（*Looper*，2012）创作的配乐，其唱片封套使用金色压花工艺并装在定制的手工粗麻布袋中；重新发行灰尘兄弟（the Dust Brothers）为《搏击俱乐部》（*Fight Club*，1999）创作的配乐，封套包装由艾伦・海因斯设计，听者必须撕碎封套才能打开；卡特・伯韦尔为《失常》（*Anomalisa*，2015）创作的配乐，唱片做成了快闪版；以及《小精灵》的原声配乐唱片，配的大折页封套涂有紫外线敏感涂料，当封套暴露在湿气和阳光下时，会露出另一层画作。这些包装也有助于重新点燃人们以唱片形式收藏配乐的兴趣，并激励了许多唱片公司把目光转向一些 Mondo 尚未重视、暂时无暇制作或根本没有发现的影片。但值得注意的是，沙菲克坚持认为，他们将这些唱片公司视为战友，而不是竞争对手。

“Mondo 和 Death Waltz 的往事，使我们首先把重点放在尽可能与其他唱片公司友好相处上。”沙菲克说，“也许这是因为我和斯潘塞曾经彼此……竞争，但我们最终相遇时，真的很喜欢对方。Mondo 公司有一种秘而不宣的理解氛围，那就是我们所做的一切和我们所拥有的一切都不属于自己，而属于别人。我一直觉得在这里做事有充分的发挥空间，不夸张地说，我们在这里都感到很幸运。”然而，希克曼承认，他对其他发行商的支持多少基于自私的考量。

“总有一个厂牌的某一张唱片会让你说：‘该死！我原本也想做这款唱片。’但这也很棒，因为你不可能发行所有唱片，”他承认，“那你也可以作为一个粉丝享受成品唱片嘛。”

希克曼和沙菲克一起合作五年后，仍然觉得他们得到了一张去游览威利・旺卡巧克力工厂的金奖券。“和斯潘塞一起工作并拥有创作自由去追求我们心中的极乐，确实是我体验过的最有趣的事情。”沙菲克说，“我得以参与了一些一辈子只能经历一次的最有趣、最激动人心的项目，做了一些一辈子只能经历一次的最有趣、最激动人心的创造性努力。”

也许这就是为什么他们作为看似有一系列项目在开发的两个人，希克曼却极力拒绝把他们做的事称为一份工作。“有时这些唱片需要三个月，有时需要三年才能面世，”希克曼说，“我有时认为人们没有意识到自己真的在为爱劳动。我们的工作不是真正‘工作’。我的‘工作’包括看电影、听音乐，以及把我想支持的新老音乐以唱片形式发行。Mondo 可以说是流行文化的领头羊，有机会在这里工作非常了不起。这里的每个人都互相关照，想做最好的唱片，最好的海报，最好的……各种玩意儿吧。大家都超级热情，你可以大声喊出自己最爱的东西。你可以对人们说：‘我真的全心全意爱死这部电影和它的配乐啦，你绝对该去看看！’这真的太棒了。对我来说，这才是你传世的贡献。”

A WHITE-HOT NIGHT OF HATE!
POLICE OFFICER
LOS ANGELES POLICE
0913
ASSAULT ON PRECINCT 13

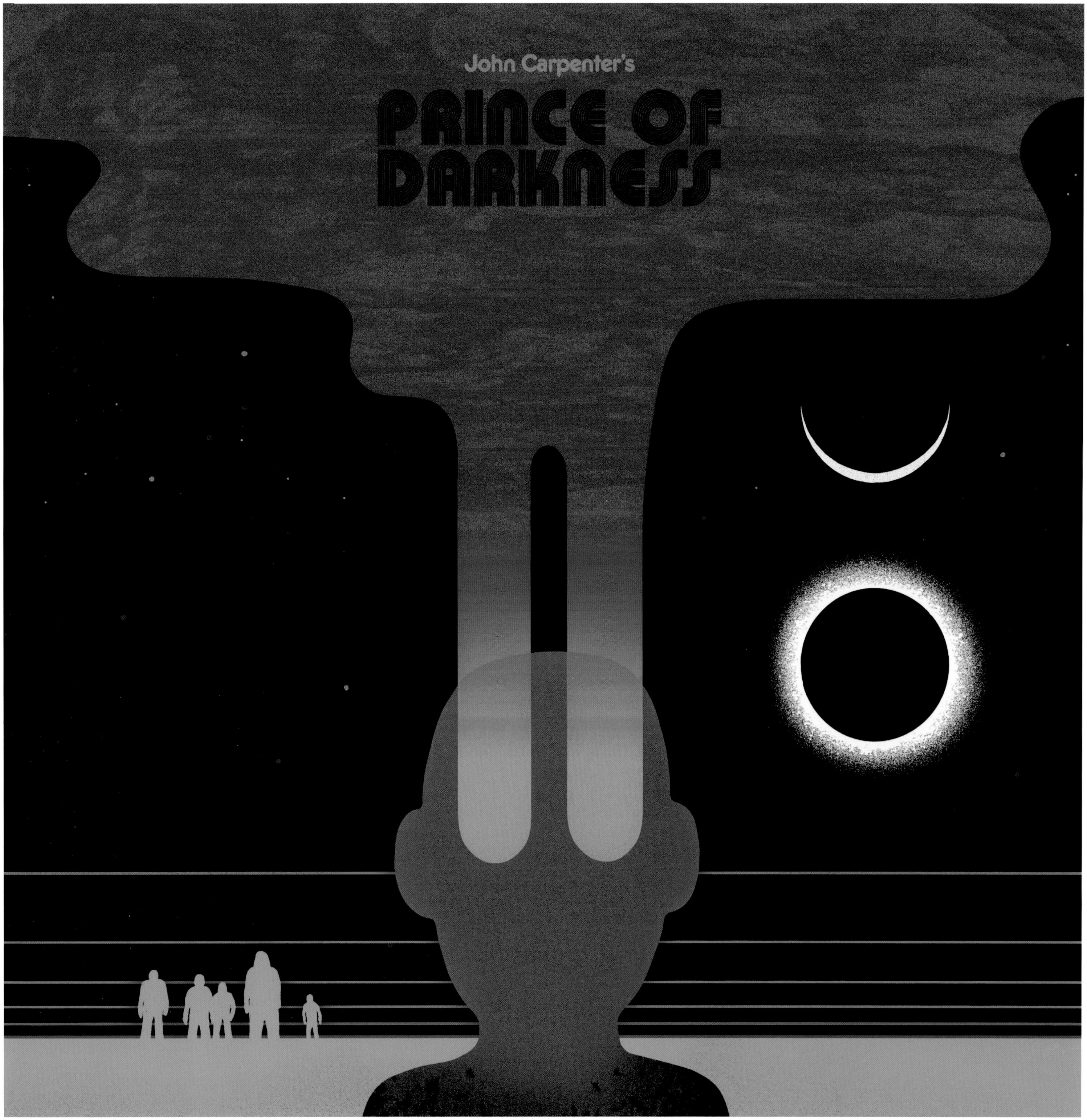

John Carpenter's

PRINCE OF DARKNESS

JOHN CARPENTER'S

PRINCE OF DARKNESS

ORIGINAL MOTION PICTURE SOUNDTRACK

JOHN CARPENTER'S
PRINCE OF DARKNESS
ORIGINAL MOTION PICTURE SOUNDTRACK
SIDE 1
OPENING TITLES (4.11) 1.
TEAM ASSEMBLY (4.29) 2.
DARKNESS BEGINS (2.52) 3.
A MESSAGE FROM THE FUTURE (5.21) 4.
HELL BREAKS LOOSE (4.22) 5.
SIDE 2
6. MIRROR IMAGE (6.44)
7. THE DEVIL AWAKENS (8.51)
8. THROUGH THE MIRROR (5.31)

JOHN CARPENTER'S
HALLOWEEN
ORIGINAL MOTION PICTURE SOUNDTRACK
40TH ANNIVERSARY EDITION
SIDE A
JOHN CARPENTER
Halloween Theme 2:21
Michael Kills Judith 3:38
Shape Escape 1:40
Myers' House 4:07
Shape in the Shadows 2:47
Laurie's Theme 2:31
Nightfall in Haddonfield 3:04
Backyard 1:48
DW135

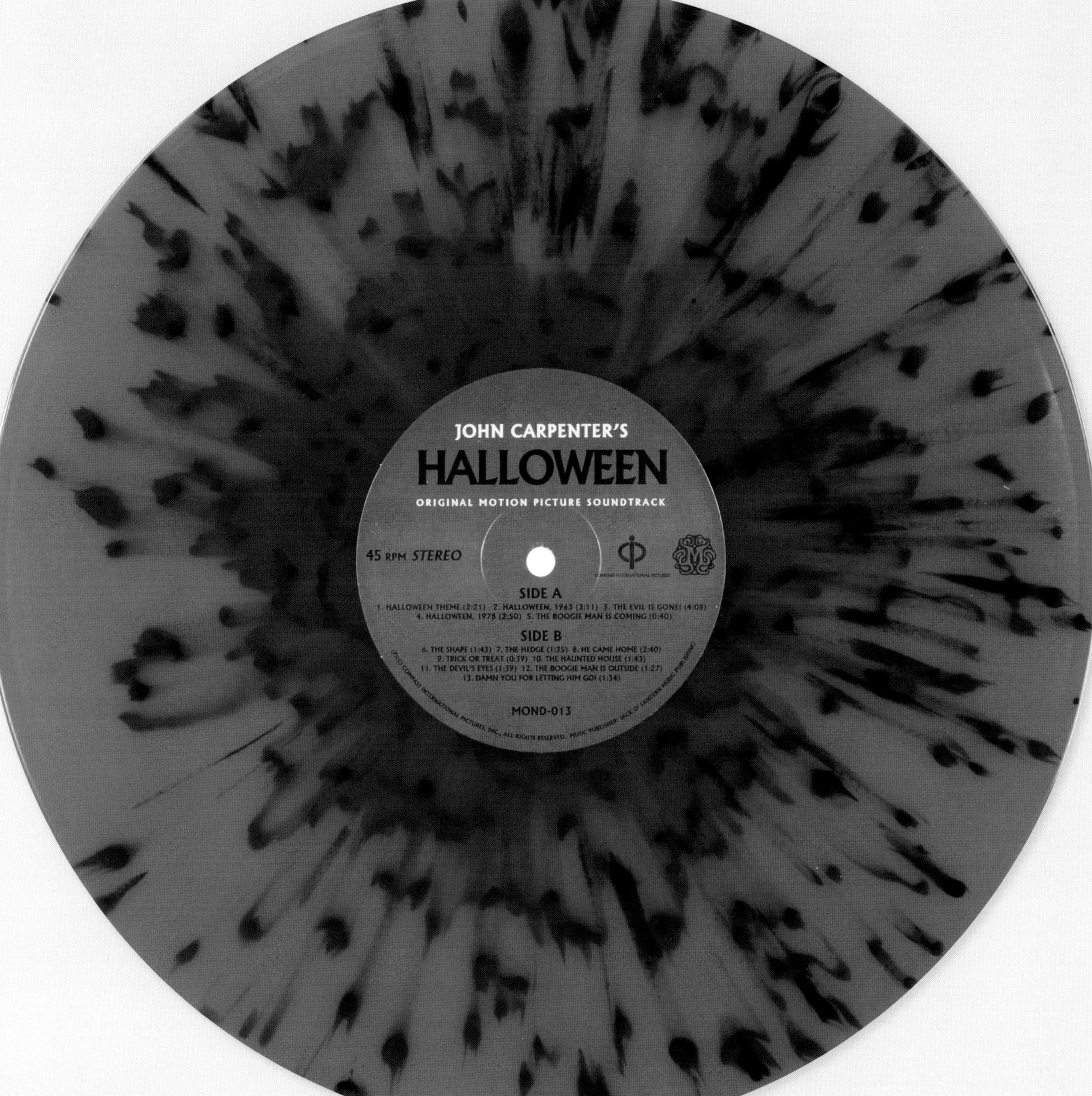
JOHN CARPENTER'S
HALLOWEEN
ORIGINAL MOTION PICTURE SOUNDTRACK
45 RPM STEREO
COMPASS INTERNATIONAL PICTURES
SIDE A
1. HALLOWEEN THEME (2:21) 2. HALLOWEEN, 1963 (3:11) 3. THE EVIL IS GONE! (4:08)
4. HALLOWEEN, 1978 (2:50) 5. THE BOOGIE MAN IS COMING (0:40)
SIDE B
6. THE SHAPE (1:43) 7. THE HEDGE (1:35) 8. HE CAME HOME (2:40)
9. TRICK OR TREAT (0:39) 10. THE HAUNTED HOUSE (1:43)
11. THE DEVIL'S EYES (1:39) 12. THE BOOGIE MAN IS OUTSIDE (1:27)
13. DAMN YOU FOR LETTING HIM GO! (1:34)
MOND-013
(P)(C) COMPASS INTERNATIONAL PICTURES, INC., ALL RIGHTS RESERVED. MUSIC PUBLISHER: JACK O' LANTERN MUSIC PUBLISHING

ESCAPE FROM
NEW YORK

PHANTASM
ORIGINAL MOTION PICTURE SOUNDTRACK BY FRED MYROW & MALCOLM SEAGRAVE

ORIGINAL MOTION PICTURE SOUNDTRACK
MUSIC COMPOSED, ARRANGED AND CONDUCTED BY FRANCO MICALIZZI
THE VISITOR

new
Goblin
TOUR 2013 EP

EVIL DEAD
A NIGHTMARE REIMAGINED

THE
EVIL DEAD
A NIGHTMARE REIMAGINED
SIDE A
33 1/3 RPM
MUSIC BY JOE LODUCA
01. A NIGHTMARE REIMAGINED /OVERTURE
02. MAIN TITLE
03. EVIL DAWN - THE CABIN REVISITED
04. AUTOMATIC WRITING
05. GET THE LANTERN
06. INCANTATION
DW112
℗&© Cinevox Record. All Rights Reserved. Manufactured by AMS Records for Death Waltz Recording Co. - Under license from Cinevox Record

Welcome to
SPRINGWOOD
Population 15,265
7741
A Nice Place
to Die

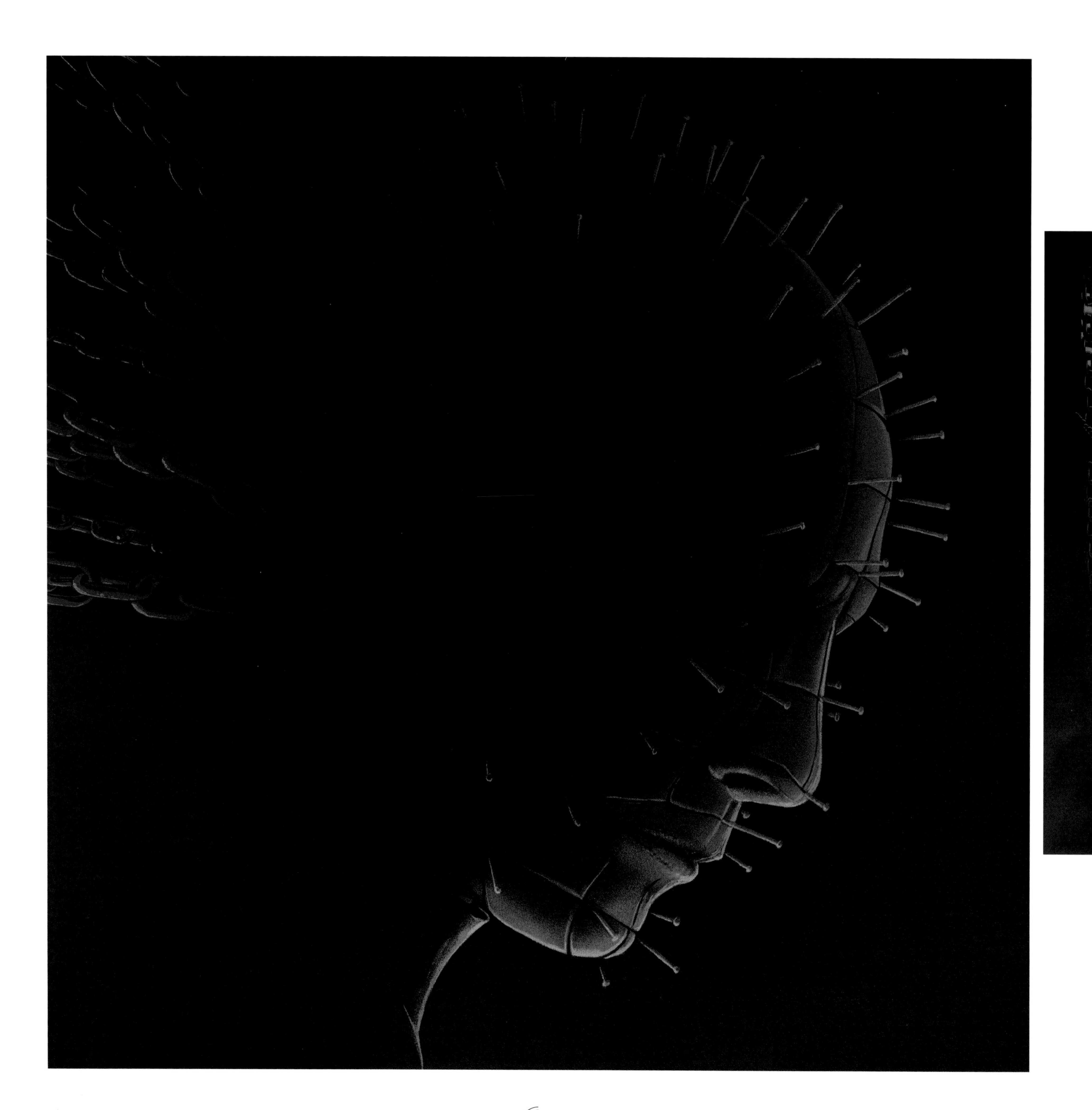

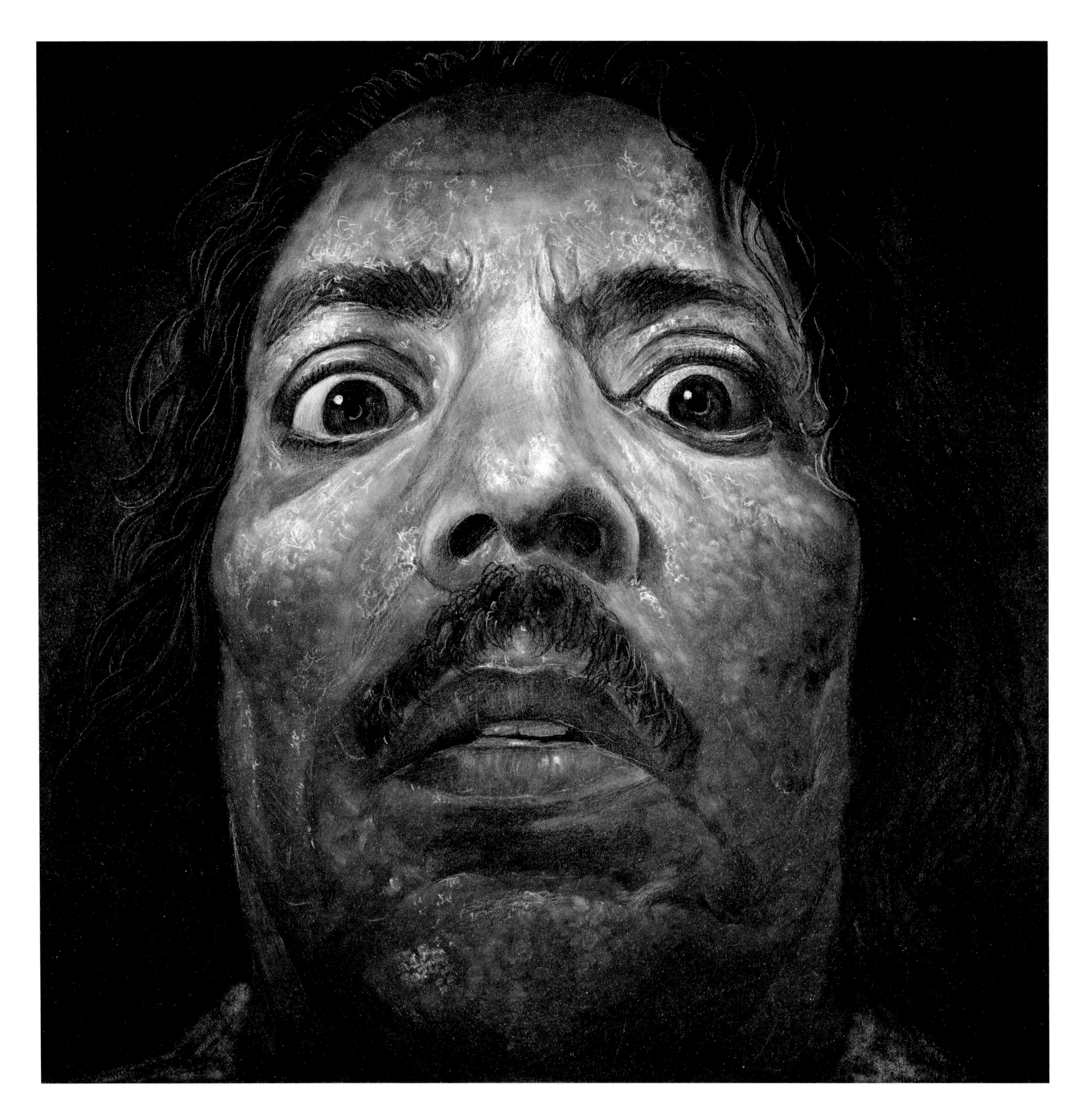

maniac
MUSIC BY ROB AN ORIGINAL MOTION PICTURE SOUNDTRACK
A FILM BY FRANCK KHALFOUN BASED ON THE MOTION PICTURE MANIAC

NAME OF DECEASED
AUTOPSY OF JANE DOE
CASE
ORIGINAL MOTION PICTURE SOUNDTRACK
ATTENDING CORONER(S)
DANNY BENSI & SAUNDER JURRIAANS
ORGANIZATION
DEATH WALTZ RECORDING COMPANY
COMMENTS
DW111

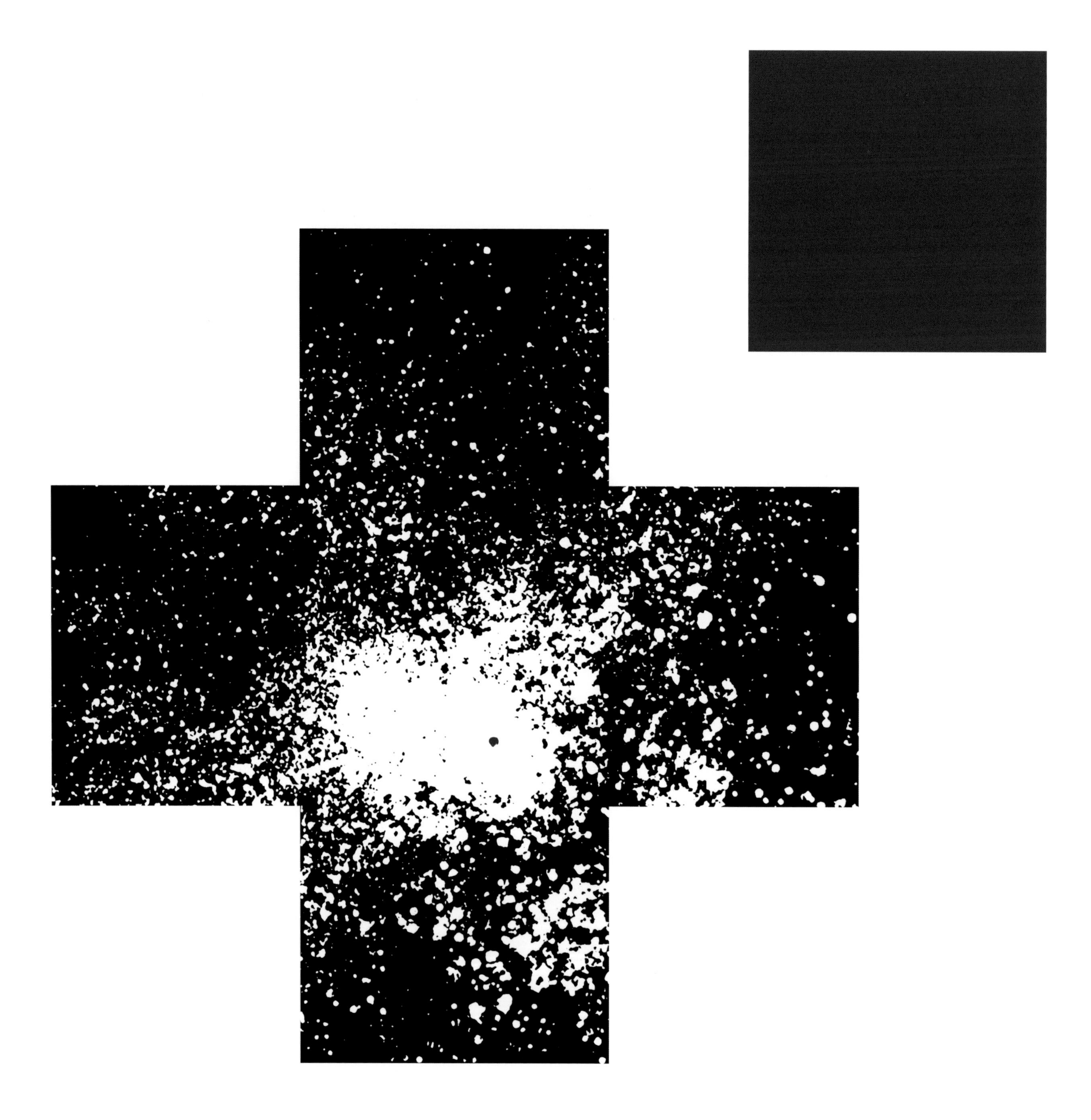

ILFORD XP2 SUPER
4182
3
SUPER

L I Q U I D
S K Y

Hyena

DEATHGASM
ORIGINAL MOTION PICTURE SOUNDTRACK

DEATHGASM
DW41
33rpm
Demons Ripping You New Orifices To Shit Out
1. AXESLASHER - MARK OF THE
2. BEAST WARS - REALMS
Lowercase is for pussies
3. BULLETBELT - DEATHGASM
Used To Kill Live Rabbits Onstage With A
4. MIDNIGHT - EVIL LIKE A KNIFE
We're All Gonna Die
5. SKULL FIST - HOUR TO LIVE
Copyright 2016 Death Waltz Recording Company , a division of Mondo Tees, LLC, 612 A East

THE GUEST
COMPOSED AND PRODUCED
by STEVE MOORE
U.S. 9mm M9-P.BERETTA-65490 PB

A GIRL
WALKS
HOME
ALONE AT
NIGHT

Shaun of the Dead
Original Score Composed by Daniel Mudford & Pete Woodhead
1) (I Love Your) Pub Action 2) Unreality 3) Snakehips 4) Cornetto Quest 5) Susie's Bus Ride to Hell
06) The Z Word / There's a Girl in the Garden 07) Combat Studs 08) The Shower & The Coming Apocalypse 09) Fizzy Legs
10) Garden Running 11) Walking With The Dead 12) Blood In Three Flavours 13) Bazleged

TELEPHONE

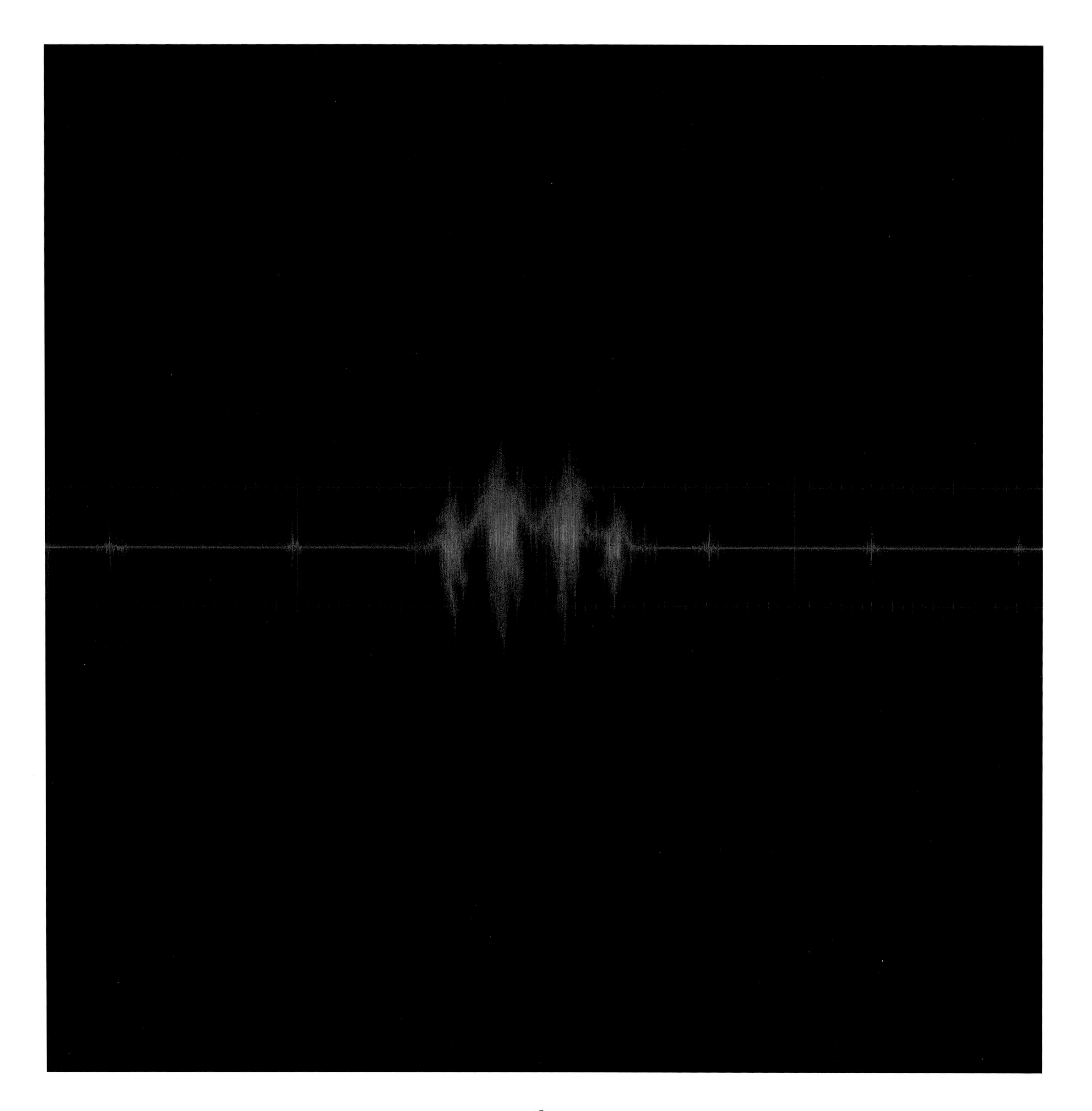

A QUIET PLACE | MUSIC FROM THE MOTION PICTURE | A | 001. IT HEARS YOU 002. A QUIET FAMILY 003. CHILDREN OF THE CORN 004. A QUIET LIFE 005. THE DINNER TABLE 006. SOMETHING ON THE ROOF 007. BABYPROOFING / BONFIRE 008. LABOR INTENSIVE
MONDO
DEATH WALTZ

fig. 1. DAVID CRONENBERG'S

DEAD RINGERS

complete original score – music by

HOWARD SHORE

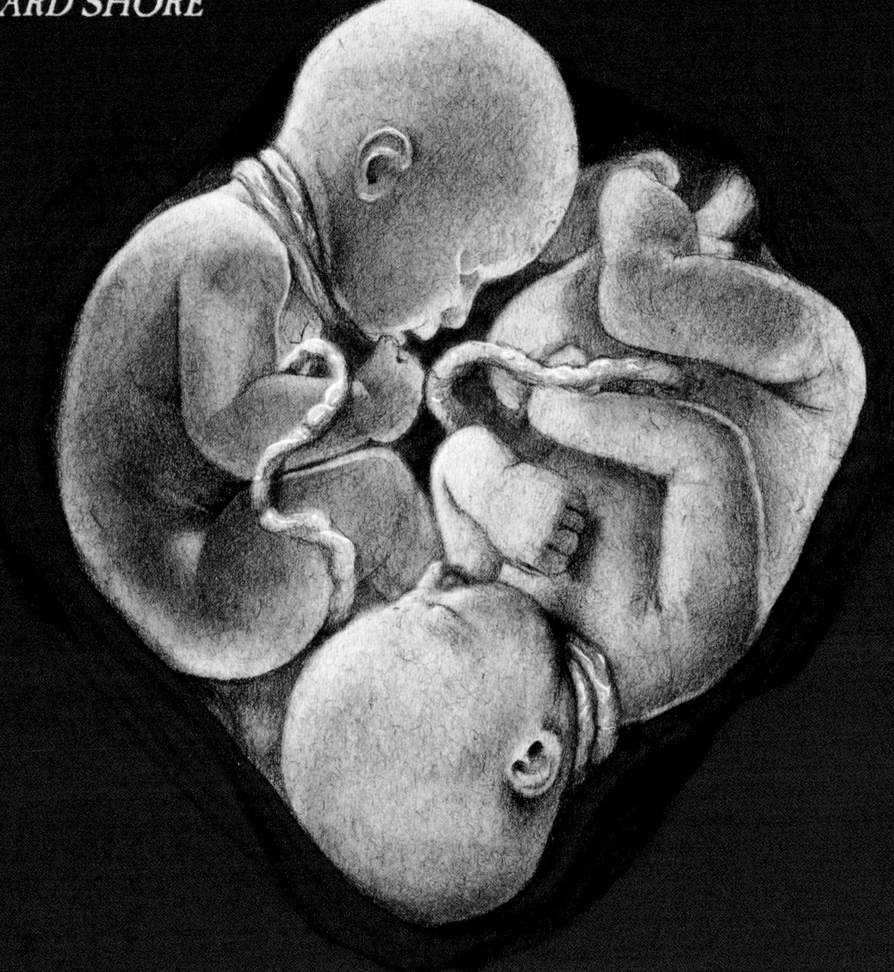

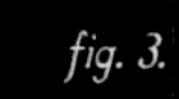

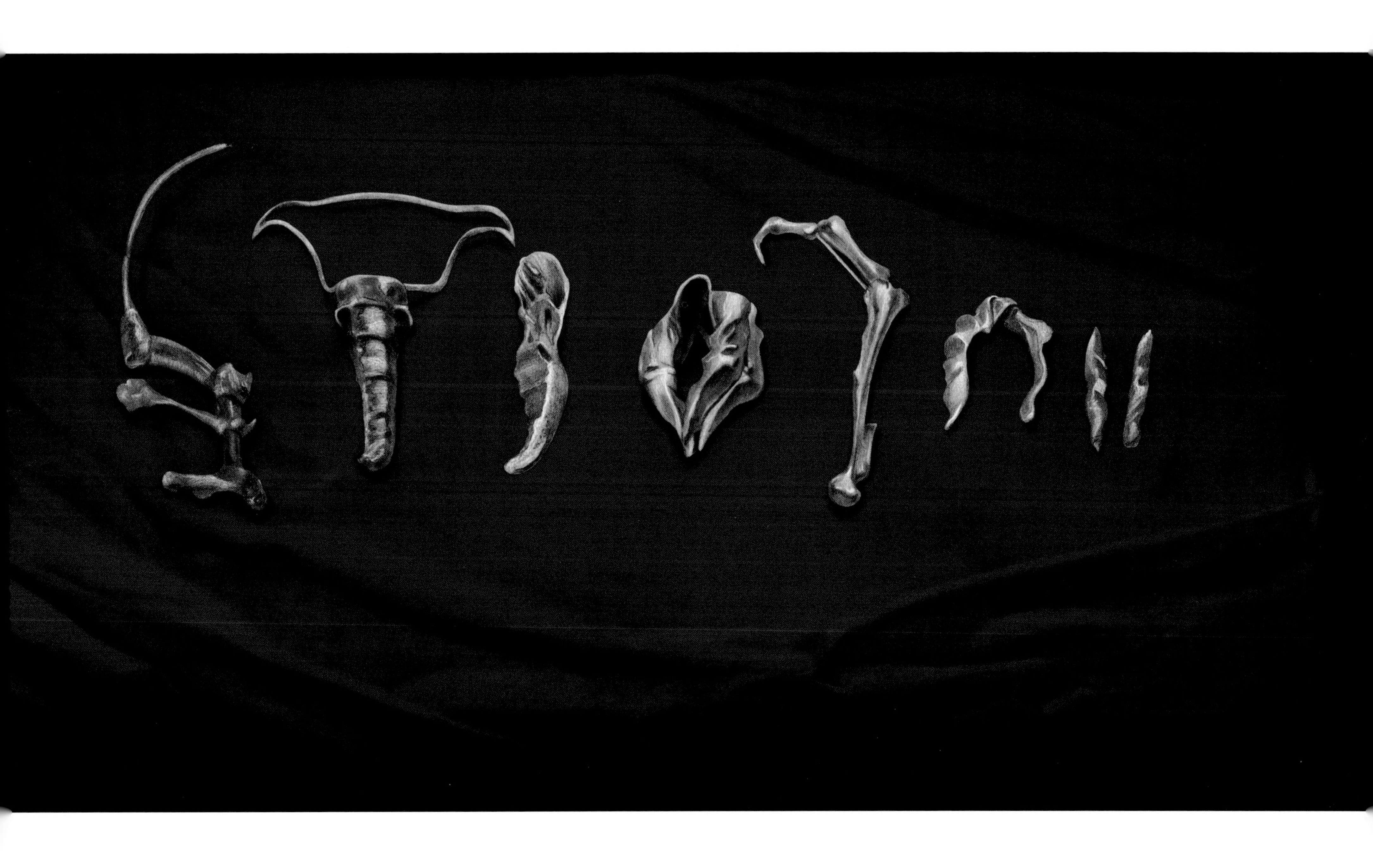

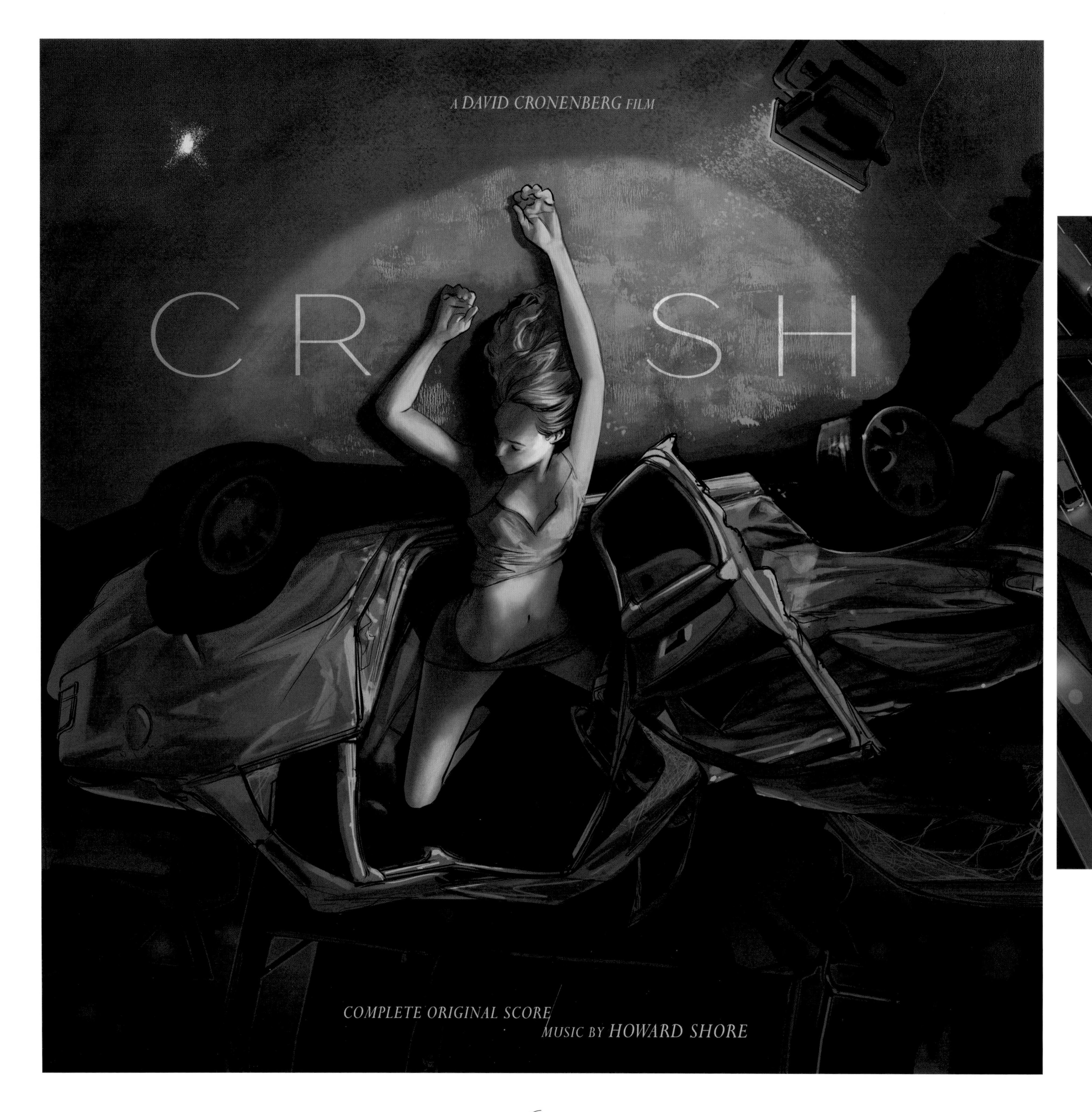
A DAVID CRONENBERG FILM
CRASH
COMPLETE ORIGINAL SCORE
MUSIC BY HOWARD SHORE

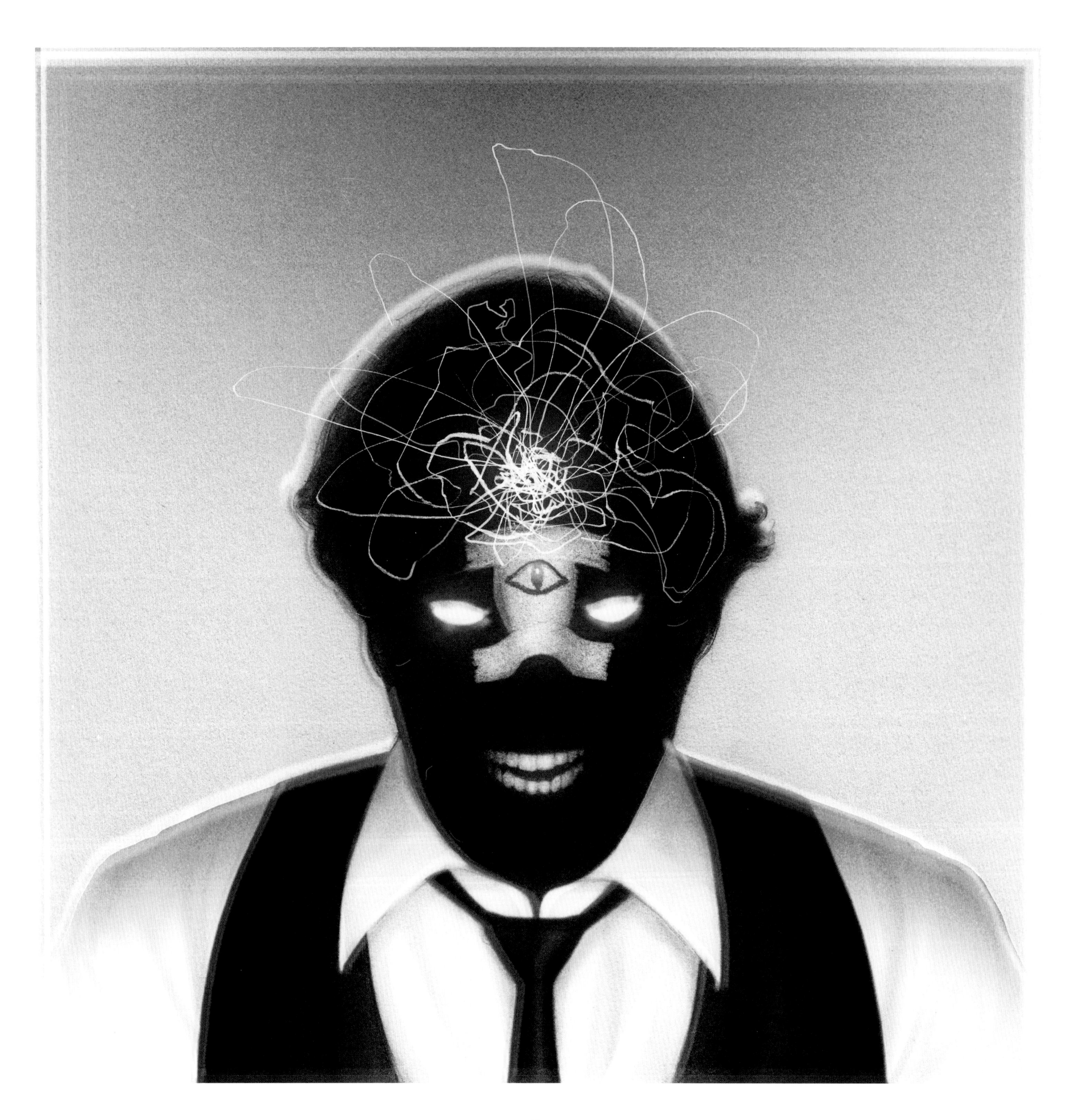

SIDE-C
RPM: 45
SIDE-A
RPM: 45

STANLEY KUBRICK'S
eyes wide shut
MUSIC FROM THE MOTION PICTURE

ALIEN
ORIGINAL MOTION PICTURE SOUNDTRACK COMPOSED BY JERRY GOLDSMITH

ALIENS
ORIGINAL MOTION PICTURE SOUNDTRACK COMPOSED BY JAMES HORNER

ALIENS
ORIGINAL MOTION PICTURE SOUNDTRACK
DRONE
33 RPM
1. MAIN TITLE
2. BAD DREAMS
3. DARK DISCOVERY / NEWT'S HORROR
4. LV-426
5. COMBAT DROP
6. THE COMPLEX
7. ATMOSPHERE STATION
MANUFACTURED BY MONDO TEES LLC UNDER EXCLUSIVE LICENSE FROM VARESE SARABANDE RECORDS, LLC

PROMETHEUS
ORIGINAL MOTION PICTURE SOUNDTRACK MUSIC BY MARC STREITENFELD

MONDO
BLADE RUNNER 2049
ORIGINAL MOTION PICTURE SOUNDTRACK
BY HANS ZIMMER AND BENJAMIN WALLFISCH
180GRAM
ブレードランナー 2049
2LP
ORIGINAL ARTWORK BY VIKTOR KALVACHEV
THE ART OF SOUNDTRACKS

VOL. ONE
VOL. THREE

BLADE RUNNER

T W I N P E A K S

TWIN PEAKS
ORIGINAL SCORE BY ANGELO BADALAMENTI
SIDE A
33⅓RPM
1. TWIN PEAKS THEME
2. LAURA PALMER'S THEME
3. AUDREY'S DANCE
4. THE NIGHTINGALE
5. FRESHLY SQUEEZED
WARNER BROS. RECORDS INC. PRODUCED UNDER LICENSE FROM WARNER BROS. RECORDS INC. © DEATH WALTZ RECORDS. MANUFACTURED BY RHINO ENTERTAINMENT COMPANY, A WARNER MUSIC GROUP COMPANY. ALL RIGHTS RESERVED. MADE IN THE U.S.A. MARKETED BY DEATH WALTZ RECORDS

PYE
CORNER
AUDIO

THE LAST OF US
ORIGINAL SOUNDTRACK BY
GUSTAVO SANTAOLALLA

THE LAST OF US
ORIGINAL SOUNDTRACK BY
GUSTAVO SANTAOLALLA

LP 1

THE LAST OF US
ORIGINAL SCORE BY GUSTAVO SANTAOLALLA
VOLUME I
SIDE A
33 1/3 RPM
01. The Quarantine Zone (20 Years Later) (3:40)
02. The Hour (1:01)
03. The Last Of Us (3:03)
04. Forgotten Memories (1:07)
05. The Outbreak (1:31)
06. Vanishing Grace (2:06)
07. The Hunters (2:00)
MONDO
© 2013, 2018 & ℗ 2013 Sony Interactive Entertainment LLC. Manufactured for Mondo Tees, LLC by Sony Music Entertainment. 88843012481A

THE LAST OF US
ORIGINAL SCORE BY GUSTAVO SANTAOLALLA
VOLUME II
SIDE A
33 1/3 RPM
01. Fleeting (3:00)
02. All Gone (Seasons) (2:00)
03. Evasion (1:20)
04. All Gone (Partners) (2:17)
05. Cause and Effect (2:14)
06. All Gone (Reunion) (1:48)
07. Stalking (1:59)
MONDO
© 2014, 2019 & ℗ 2014 Sony Interactive Entertainment LLC. Manufactured for Mondo Tees, LLC by Sony Music Entertainment.

LEGEND
Food
Gold Potion
Holy Cross
Double Shot
Triple Shot
Orb
Break Wall
Axe
Boomerang
Dagger
Holy Water
Stop-Watch
Whip

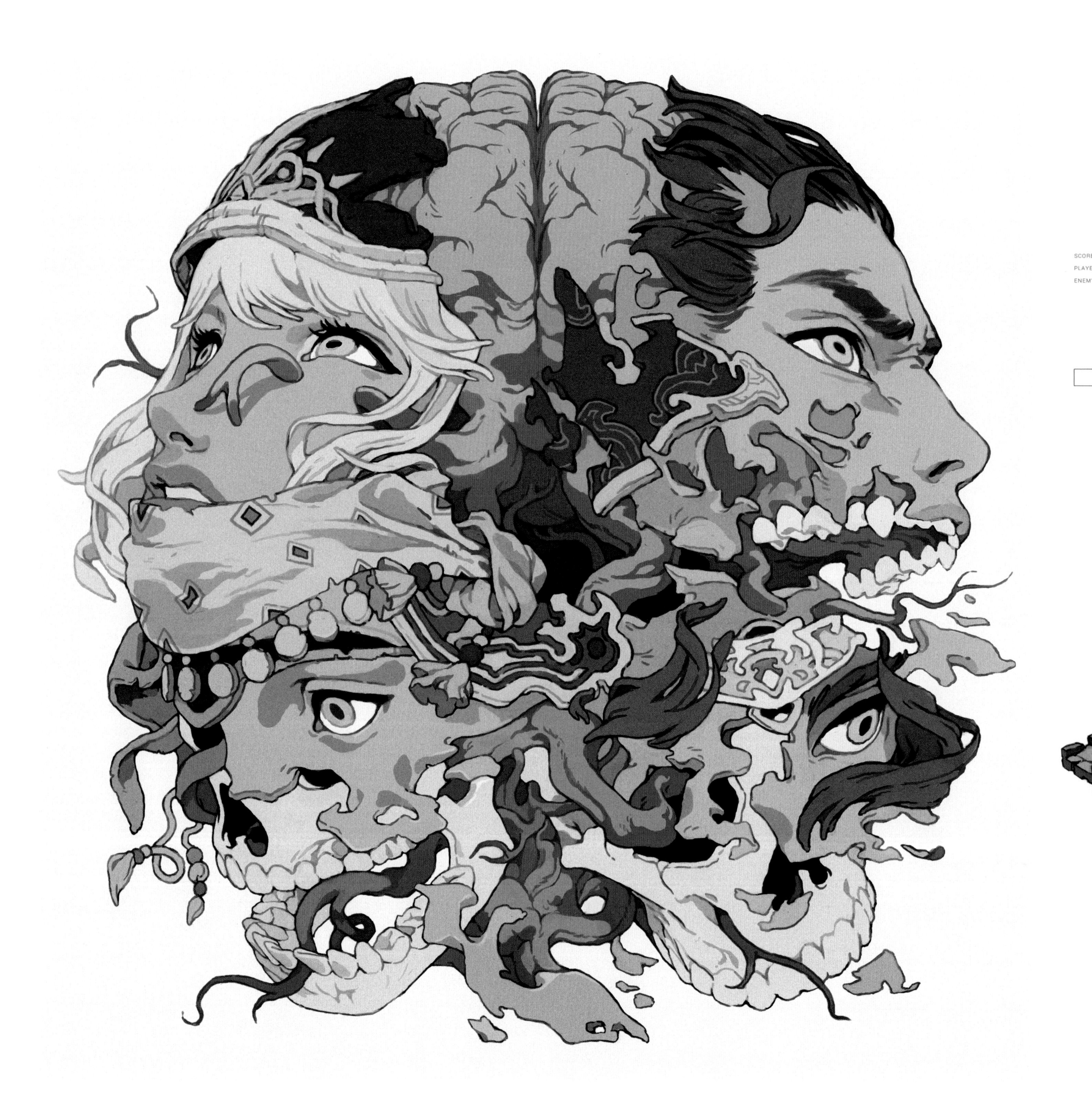
SCORE-03
PLAYER
ENEMY

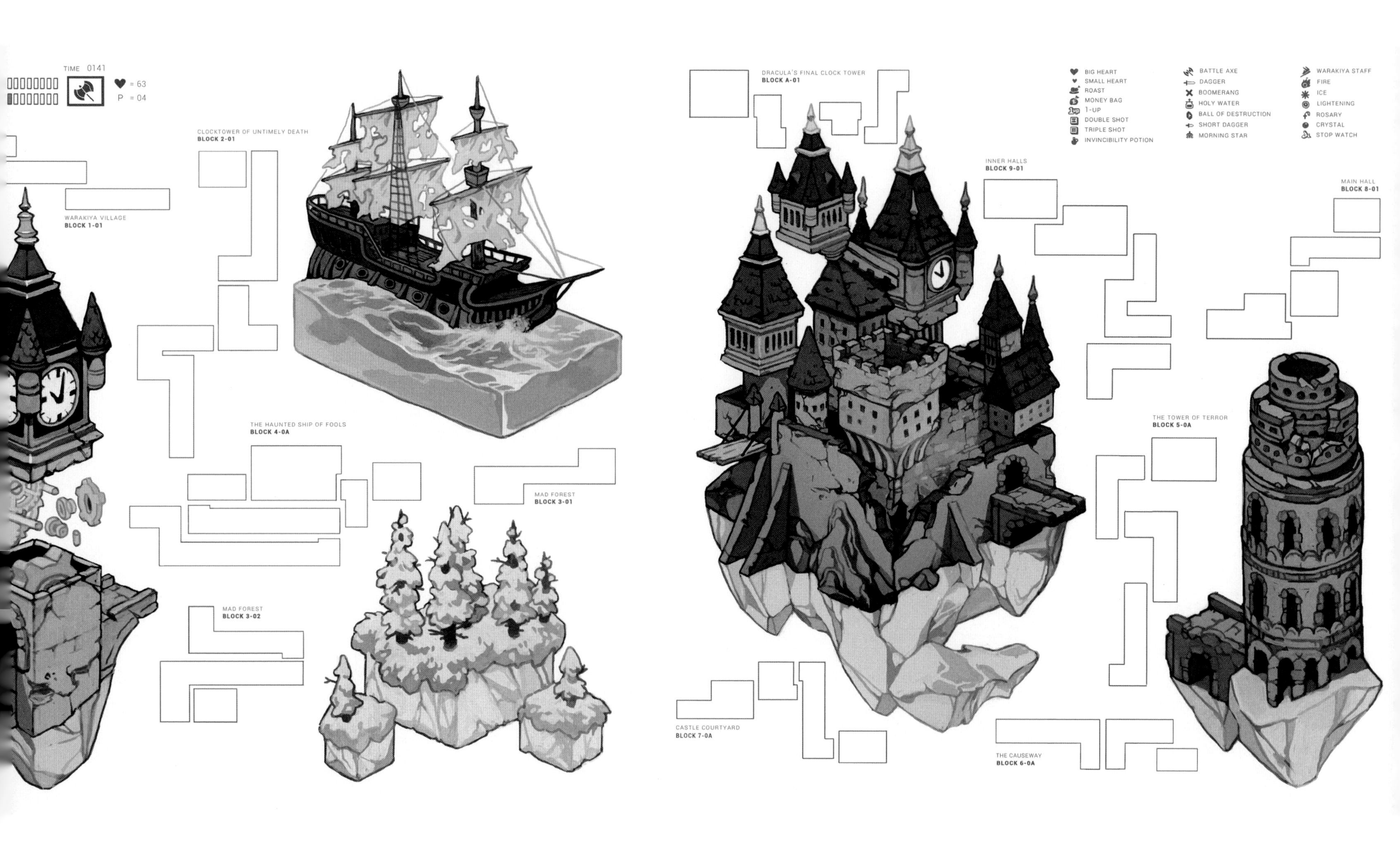
TIME 0141
= 63
P = 04
WARAKIYA VILLAGE
BLOCK 1-01
CLOCKTOWER OF UNTIMELY DEATH
BLOCK 2-01
THE HAUNTED SHIP OF FOOLS
BLOCK 4-0A
MAD FOREST
BLOCK 3-01
MAD FOREST
BLOCK 3-02
DRACULA'S FINAL CLOCK TOWER
BLOCK A-01
BIG HEART
SMALL HEART
ROAST
MONEY BAG
1-UP
DOUBLE SHOT
TRIPLE SHOT
INVINCIBILITY POTION
BATTLE AXE
DAGGER
BOOMERANG
HOLY WATER
BALL OF DESTRUCTION
SHORT DAGGER
MORNING STAR
WARAKIYA STAFF
FIRE
ICE
LIGHTENING
ROSARY
CRYSTAL
STOP WATCH
INNER HALLS
BLOCK 9-01
MAIN HALL
BLOCK 8-01
THE TOWER OF TERROR
BLOCK 5-0A
CASTLE COURTYARD
BLOCK 7-0A
THE CAUSEWAY
BLOCK 6-0A

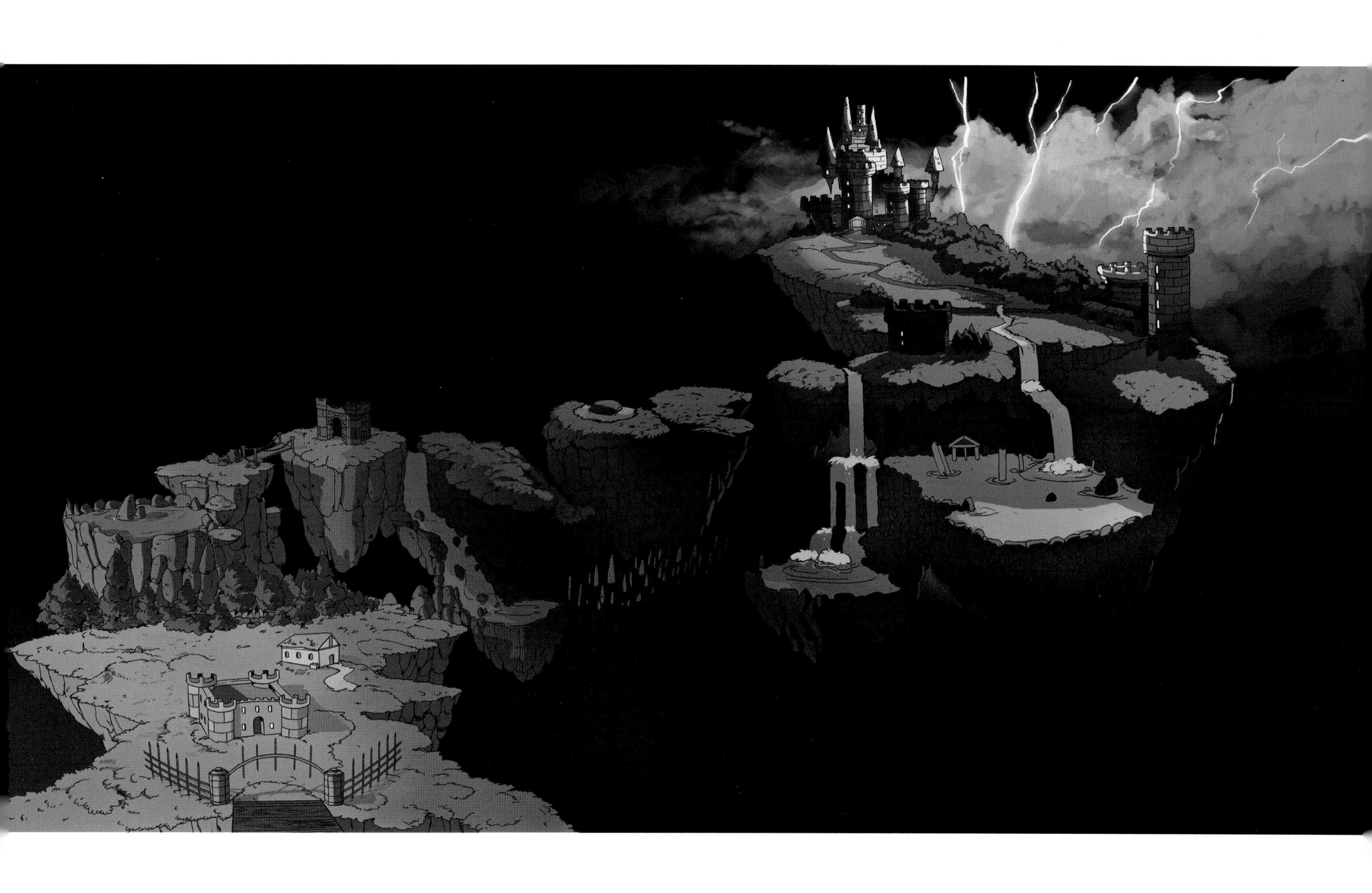

Music by Konami Kukeiha Club
Castlevania
Symphony of the Night

Castlevania
Symphony of the Night
Side C
The Tragic Prince • Door to the Abyss
Heavenly Doorway • Death Ballad
Blood Relations • Metamorphosis 2
Finale Toccata • Black Banquet
Metamorphosis 3 • The Old Librarian
℗ © Konami Digital Entertainment
Manufactured by Mondo Tees, llc.
612 A East Sixth st., Austin, TX 78701
Mond-075

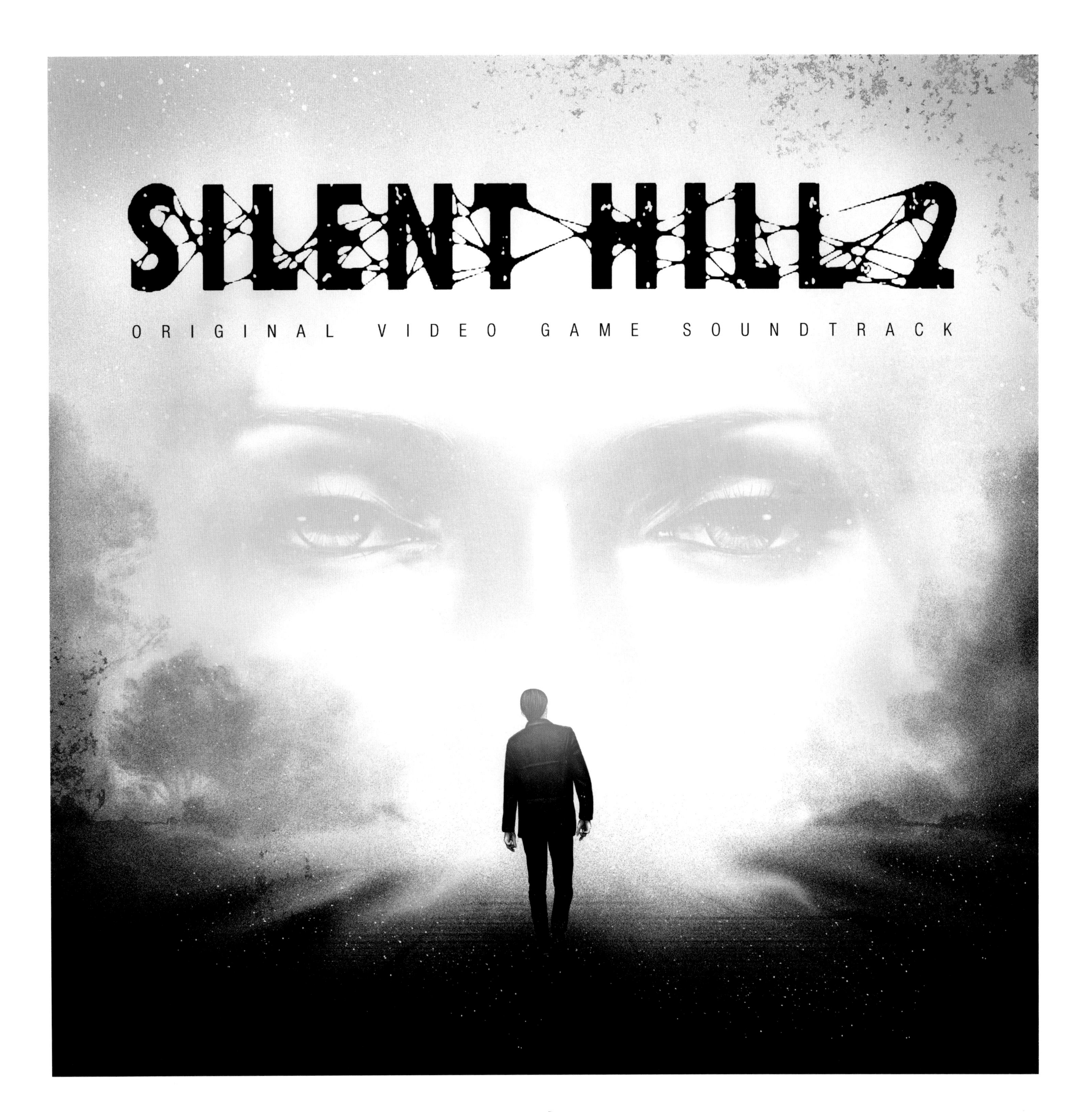
SILENT HILL 2
ORIGINAL VIDEO GAME SOUNDTRACK

ORIGINAL MOTION PICTURE SOUNDTRACK

CORALINE

MUSIC by BRUNO COULAIS
ORIGINAL SONG by THEY MIGHT BE GIANTS

ORIGINAL MOTION PICTURE SOUNDTRACK
CORALINE
SIDE A
1. End Credits
2. Dreaming
3. Installation
4. Wybie
5. Exploration
7. The Supper
SIDE B

THE BOXTROLLS
ORIGINAL MOTION PICTURE SOUNDTRACK
MUSIC by DARIO MARIANELLI

KUBO
AND THE TWO STRINGS
ORIGINAL MOTION PICTURE SOUNDTRACK - MUSIC BY DARIO MARIANELLI

LAIKA

MISSING LINK

ORIGINAL MOTION PICTURE SOUNDTRACK

Music by Carter Burwell

Side A 33 1/3 RPM LAKESHORE RECORDS ANNAPURNA

01. Main Title Theme 02. Lionel Vs. Nessie 03. A Letter 04. Dark Days
05. Westward Ho 06. Forest Primeval 07. What Do I Call You? 08. Bar Brawl

Side B

09. Breaking and Entering 10. More Than Acquaintances
11. Terrible Thieves 12. Stenk At The Station 13. Stagecoach
14. Susan 15. Thunderclouds 16. Stormy Waters

Touchstone Pictures and Steven Spielberg
present

Original Motion Picture Soundtrack

Who Framed

Roger Rabbit

Music by

Alan Silvestri

WALT DISNEY RECORDS

$33^{1/3}$ RPM

Side One

1. Maroon Logo 2. Maroon Cartoon 3. Valiant & Valiant 4. The Weasels
5. Hungarian Rhapsody (Dueling Pianos) 6. Judge Doom
7. Why Don't You Do Right? *Performed by Amy Irving*
8. No Justice for Toons
9. The Merry-Go-Round Broke Down (Roger's Song)

Performed by Charles Fleischer

Disney
Tim Burton's
The Nightmare Before Christmas
Original Motion Picture Soundtrack
Music and Lyrics by
Danny Elfman
Original Score by
Danny Elfman

Disney
Tim Burton's
The Nightmare Before Christmas
Original Motion Picture Soundtrack
Music and Lyrics by
Danny Elfman
Original Score by
Danny Elfman
33 1/3 RPM
DISC ONE - SIDE A
1. Overture 2. Opening 3. This Is Halloween
4. Jack's Lament 5. Doctor Finklestein/In the Forest
6. What's This? 7. Town Meeting Song
Walt Disney Records
Mondo
Disney
Tim Burton's
The Nightmare Before Christmas
Original Motion Picture Soundtrack
Music and Lyrics by
Danny Elfman
Original Score by
Danny Elfman
33 1/3 RPM
DISC TWO - SIDE A
1. Nabbed 2. Oogie Boogie's Song 3. Sally's Song
4. Christmas Eve Montage 5. Poor Jack
Walt Disney Records
Mondo

Disney·PIXAR
RATATOUILLE
(rat·a·too·ee)
Music by Michael Giacchino
DISC 1
WALT DISNEY RECORDS
PIXAR
33 1/3 RPM
SIDE A 1. Le Festin Performed by Camille 2. Welcome To Gusteau's
3. "This is me." 4. Granny Get Your Gun 5. 100 Rat Dash
6. Wall Rat 7. Cast Of Cooks 8. A Real Gourmet Kitchen
SIDE B 1. Souped Up 2. Is It Soup Yet?
3. A New Deal 4. Remy Drives A Linguini
5. Colette Shows Him Le Ropes 6. Special Order
7. Kiss & Vinegar 8. Losing Control
MONDO
Disney/Pixar. Manufactured by Mondo Tees, LLC. 612 A East 6th St. Austin, TX. 78701. All Rights Reserved.
MOND-117
PIXAR
33 1/3 RPM
Heist To See You 2. The Paper Chase 3. Remy's Revenge
4. Abandoning Ship 5. Dinner Rush
SIDE B 1. Anyone Can Cook 2. End Creditouilles
3. Ratatouille Main Theme
MONDO
Disney/Pixar. Manufactured by Mondo Tees, LLC. 612 A East 6th St. Austin, TX. 78701. All Rights Reserved.

GUSTEAU'S

CN
CARTOON NETWORK
ADVENTURE TIME
THE COMPLETE SERIES SOUNDTRACK
BMO

ADVENTURE TIME
PRESENTS
COME ALONG WITH ME
ORIGINAL SOUNDTRACK
SIDE A
45RPM
CARTOON NETWORK
MONDO
01. Main Title (feat. Willow Smith) 02. You and Your Brain
03. Climb Time 04. Memory Strings 05. A Bad Omen
06. War Chant 07. Mind Matters 08. Imagination A Dream
09. Gum Shoes 10. In Our Minds 11. Kingdom Gum
12. Nightmare Hangover
MOND-145

MONSTER SQUAD

BRUCE BROUGHTON

GIANT

LIFE-SIZE PIN-UP

OVER 6 FT TALL

Authentic

FRANKENSTEIN'S MONSTER!

BE THE GHOULEST KID ON THE BLOCK WITH THIS GIGANTIC 6 FOOT TALL, FREE-STANDING REPRODUCTION. STUN YOUR FRIENDS! ORDER TODAY WHILE SUPPLIES LAST! TURN THE LIGHTS OFF AND HE COMES ALIVE WITH A SICKLY GREEN GLOW THAT PIERCES THE DARK!

Only $2.00 ORDER TODAY!

BLOODY VAMPIRE TEETH

$1.00

THE MUMMY'S CURSE

$1.00 SOMEONE BUGGING YOU? CAST AN ETERNAL CURSE AND SEE WHAT HAPPNES!

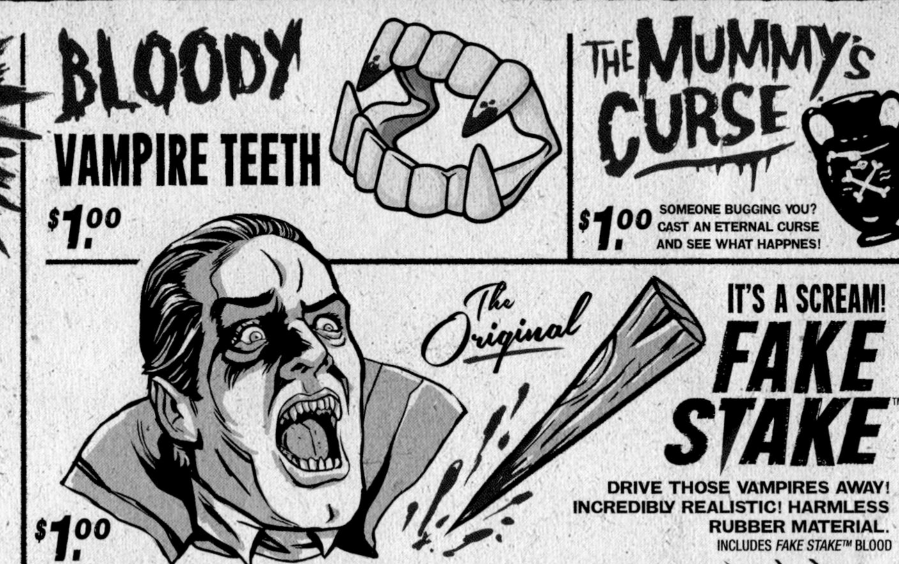

$1.00

IT'S A SCREAM!

FAKE STAKE™

DRIVE THOSE VAMPIRES AWAY! INCREDIBLY REALISTIC! HARMLESS RUBBER MATERIAL.

INCLUDES *FAKE STAKE*™ BLOOD

MINI SKULL FlashLight KEYCHAIN

PUSH THE SECRET BUTTON AND WATCH IT LIGHT UP YOUR NIGHT! BATTERIES NOT INCLUDED.

ORDER NOW! $1.00

HYPNOTIC WOLF HEAD Silver Cane

THEY'LL BE UNDER YOUR SPELL WITH ONE WAVE! DIE CAST WITH "EVIL" GLOWING RED RUBY EYES.

$1.75

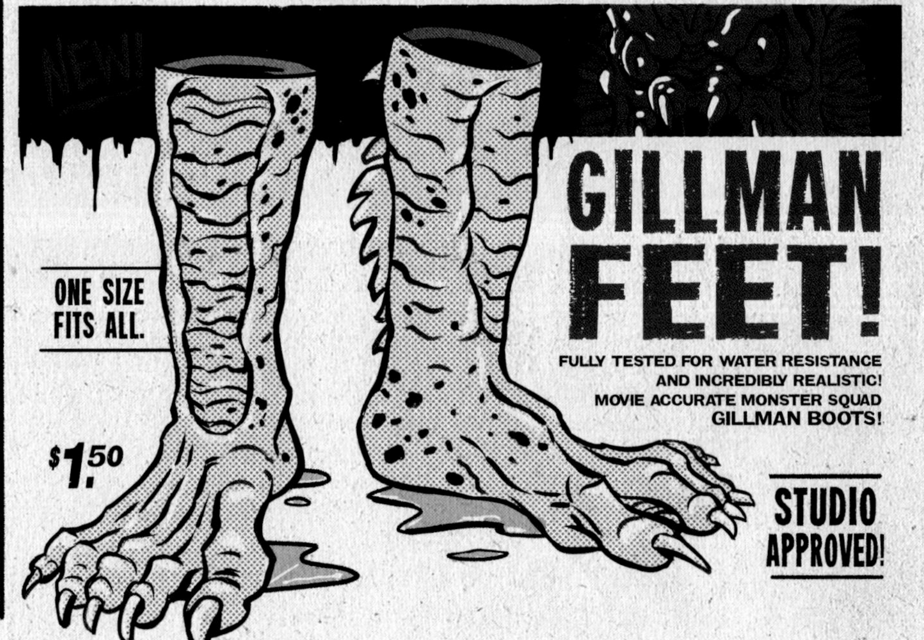

ONE SIZE FITS ALL.

$1.50

GILLMAN FEET!

FULLY TESTED FOR WATER RESISTANCE AND INCREDIBLY REALISTIC! MOVIE ACCURATE MONSTER SQUAD GILLMAN BOOTS!

STUDIO APPROVED!

NEW
CREATURE
Plastic Model Kit
Officially Licensed
THE FIRST OF ITS KIND!!! DEKKER PAINTS AND ACCESSORIES PROUDLY PRESENTS THE FIRST OFFICIALLY LICENSED MONSTER SQUAD MODEL KIT. NEVER WORRY ABOUT THE CREATURE STEALING YOUR TWINKIE AGAIN; YOU WILL ALWAYS HAVE YOUR EYES ON HIM!!!
GLOWS IN THE DARK!
EASY to Assemble!
PERFECTLY SCALED! 12 INCHES TALL!
FIG. 1
INCREDIBLY DETAILED SCULPT!
MONSTER SQUAD CLUBHOUSE
MODEL DEPARTMENT
Twinkies
AMERICA'S NUMBER ONE MODEL GLUE!
WE USE...
DEKKER
PAINTS & ACCESSORIES
PLASTIC MODEL CEMENT
CAUTION! FLAMMABLE 10¢
MYSTERY MONSTER!
WHAT LURKS BEHIND THE SHADOWS NEXT MONTH? ONLY REGISTERED MONSTER CLUB MEMBERS GET FIRST CHANCE TO SEE AND ORDER OUR LATEST CREATIONS!
SEE BELOW ON HOW TO JOIN!
CREEPY FINGER
WALL HOOK
PERFECT FOR HANGING HORROR POSTERS IN THE CLUBHOUSE!
SCREW IT IN!
10¢
THE MONSTER SQUAD FANG CLUB
OFFICIAL MEMBER
NAME:
ADDRESS:
IMPORTANT!
TO PURCHASE THE CREATURE MODEL KIT YOU MUST BE A FANG CLUB MEMBER.
SIMPLY MAIL IN YOUR NAME AND ADDRESS FOR YOUR OFFICIAL MEMBERSHIP!

CHRONICLES OF THE WASTELAND

INTRO
WASTELAND
THE GOOD PLAN
NO TOMORROW FEAT. PAWWS
KID'S DREAM
OUR LAST HOPE
A

FIGHT CLUB

Original Motion Picture Score

Music By The Dust Brothers

FIGHT CLUB Original Motion Picture Score

Music By The Dust Brothers

Paper Street Soap Co.
All Natural
Handmade
33 RPM
Original Motion Picture
Music By The Dust Brothers
Side A
01. Who Is Tyler Durden? (5:03)
02. Homework (4:38)
03. What Is Fight Club? (4:43)
04. Single Serving Jack (4:15)
Side B (over)
05. Corporate World (2:43)
06. Psycho Boy Jack (2:58)
07. Hessel, Raymond K. (2:49)
08. Medula Oblongata (6:00)

5
M

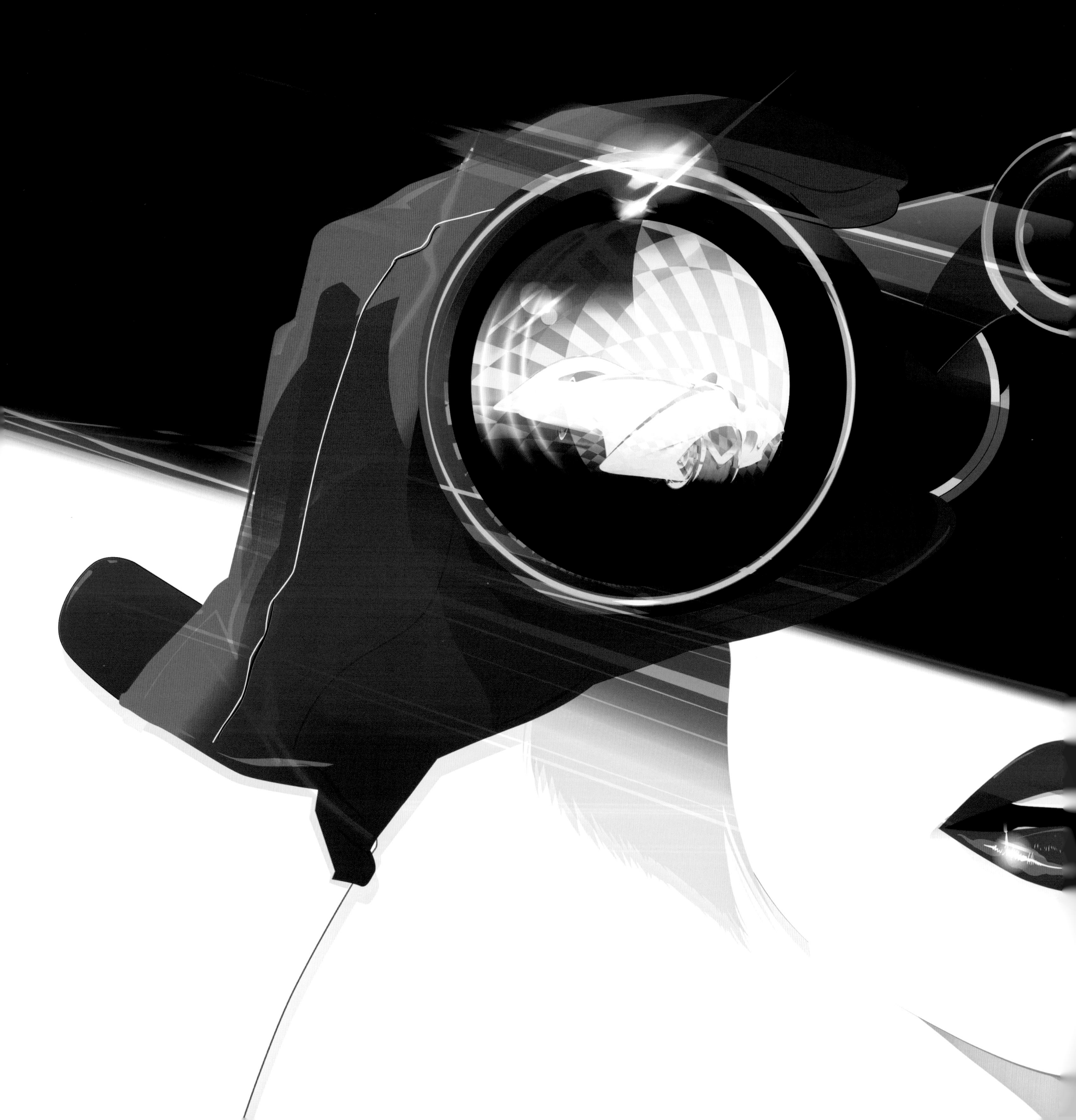

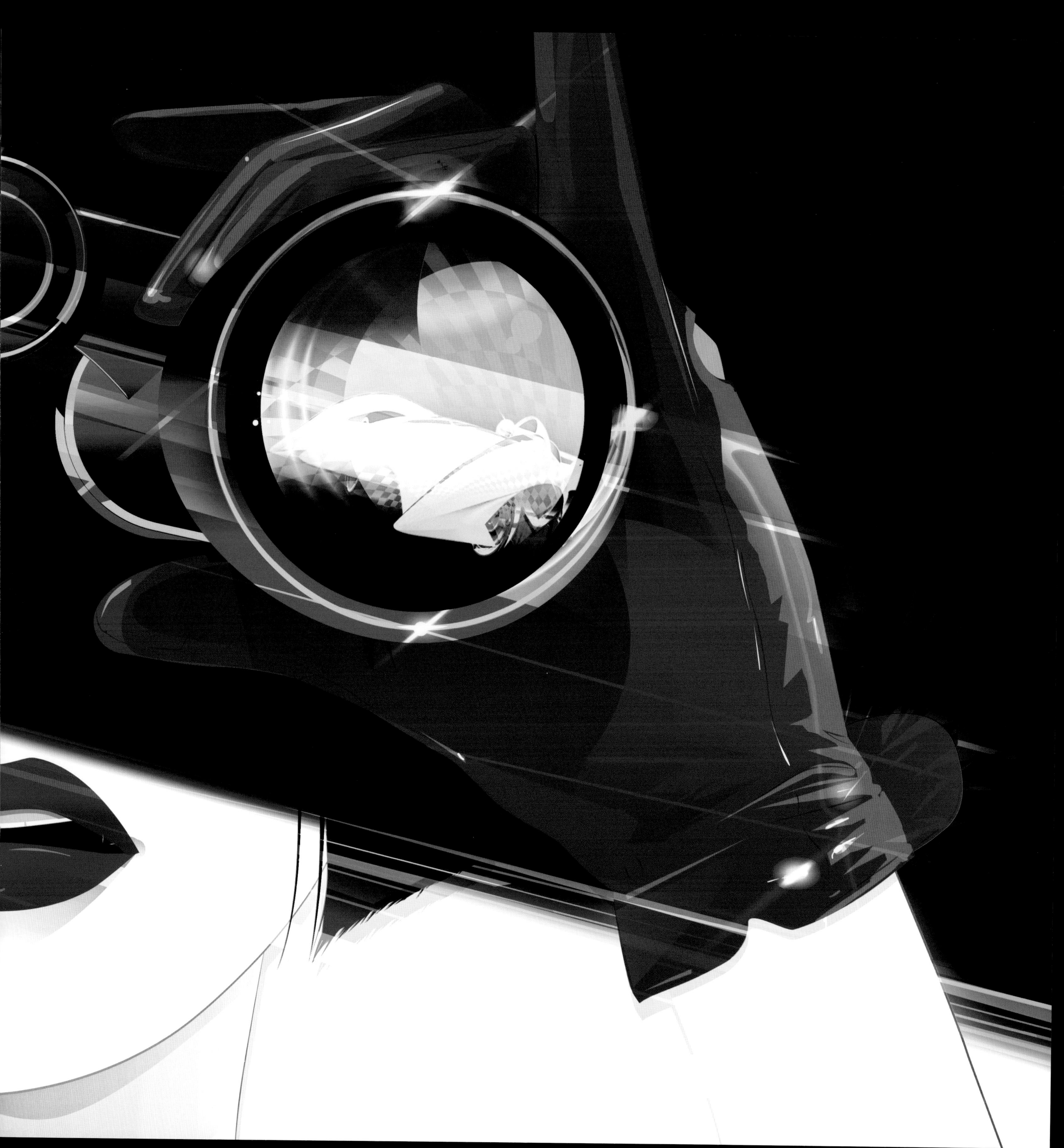

A FILM BY DARREN ARONOFSKY
the fountain
MUSIC BY CLINT MANSELL
PERFORMED BY KRONOS QUARTET AND MOGWAI
33 1/3 RPM
MONDO
SIDE A
THE LAST MAN • HOLY DREAD! • TREE OF LIFE • STAY WITH ME
DEATH IS A DISEASE • XIBALBA
SIDE B
FIRST SNOW • FINISH IT • DEATH IS THE ROAD TO AWE
TOGETHER WE WILL LIVE FOREVER
MOND-088

STEREO

MUSIC FROM THE ORIGINAL MOTION PICTURE SCORE

MISSION: IMPOSSIBLE

ORIGINAL MUSIC COMPOSED BY DANNY ELFMAN

STEREO

MUSIC FROM THE ORIGINAL MOTION PICTURE

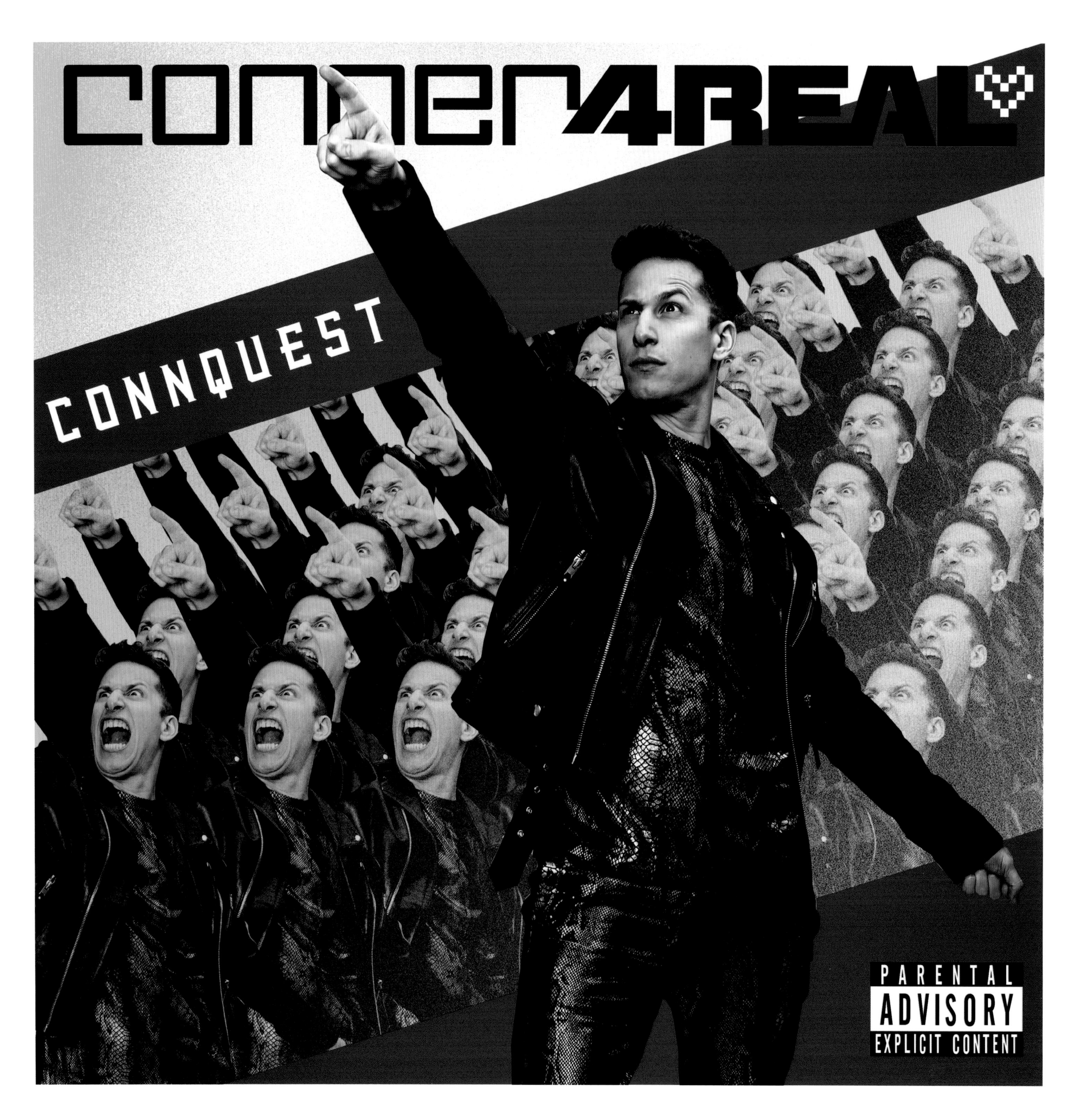
CONNER4REAL
CONNQUEST
PARENTAL
ADVISORY
EXPLICIT CONTENT

megarecords
DUjour
DUjour
...around the world

TO
THE

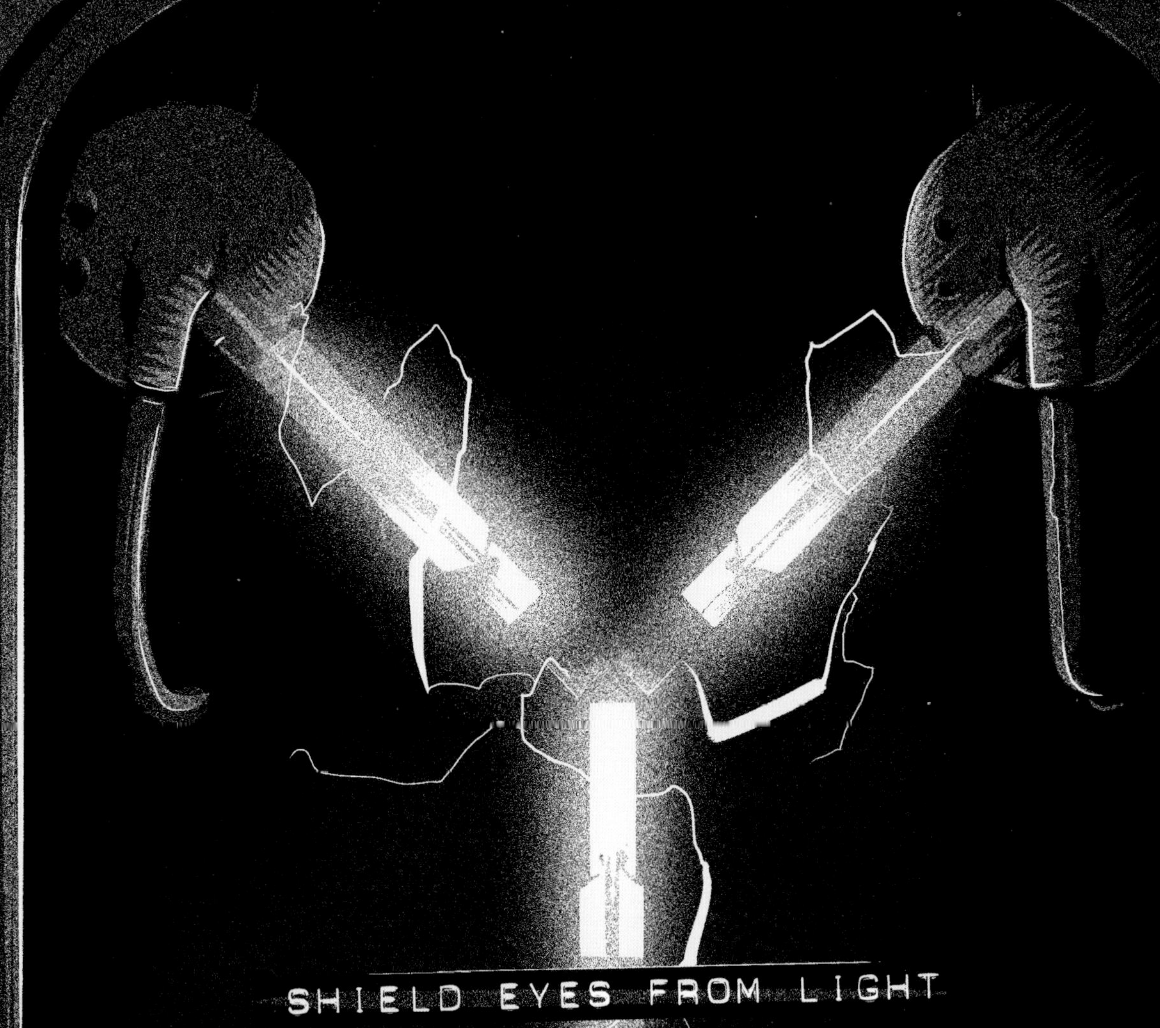
DISCONECT CAPACITOR DRIVE
BEFORE OPENING

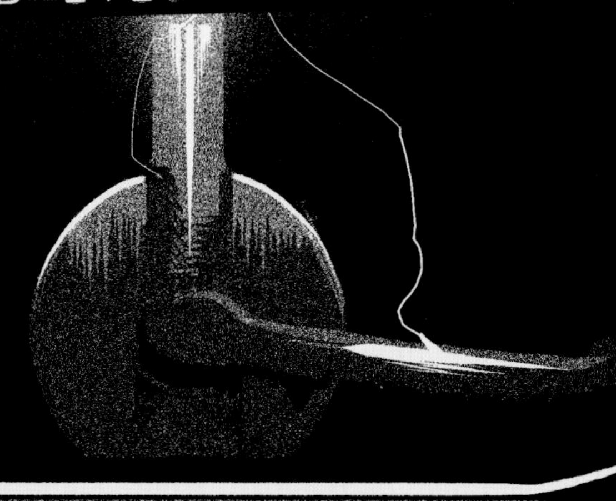
SHIELD EYES FROM LIGHT

BACK
TO
THE
FUTURE
PART

MR. FUSION®
HOME ENERGY REACTOR

HILL VALLEY

THOUSE MALL

BACK
PART
DMC

drew

MUSIC FROM THE MOTION PICTURE
BACK TO THE FUTURE
SIDE ONE
GEFFEN
UNIVERSAL MUSIC Special Markets
UNIVERSAL A COMCAST COMPANY
33 1/3 RPM
THE POWER OF LOVE Huey Lewis and the News
TIME BOMB TOWN Lindsey Buckingham
BACK TO THE FUTURE The Outatime Orchestra conducted by Alan Silvestri
HEAVEN IS ONE STEP AWAY Eric Clapton
BACK IN TIME Huey Lewis and the News
A Geffen Records release; ℗1985 ©2020 Mondo Tees, LLC. Manufactured by Universal Music Enterprises, a Division of UMG Recordings, Inc. B0032231-01 / MOND-166
MONDO

AN ALL NEW
LORRAINE BROUGHTON MYSTERY

MONDO
MUSIC

Sent alone into Berlin to retrieve an atomic bomb of information, she must navigate her way through a deadly game of spies to stay alive.

ATOMIC BLONDE

ORIGINAL MOTION PICTURE SOUNDTRACK

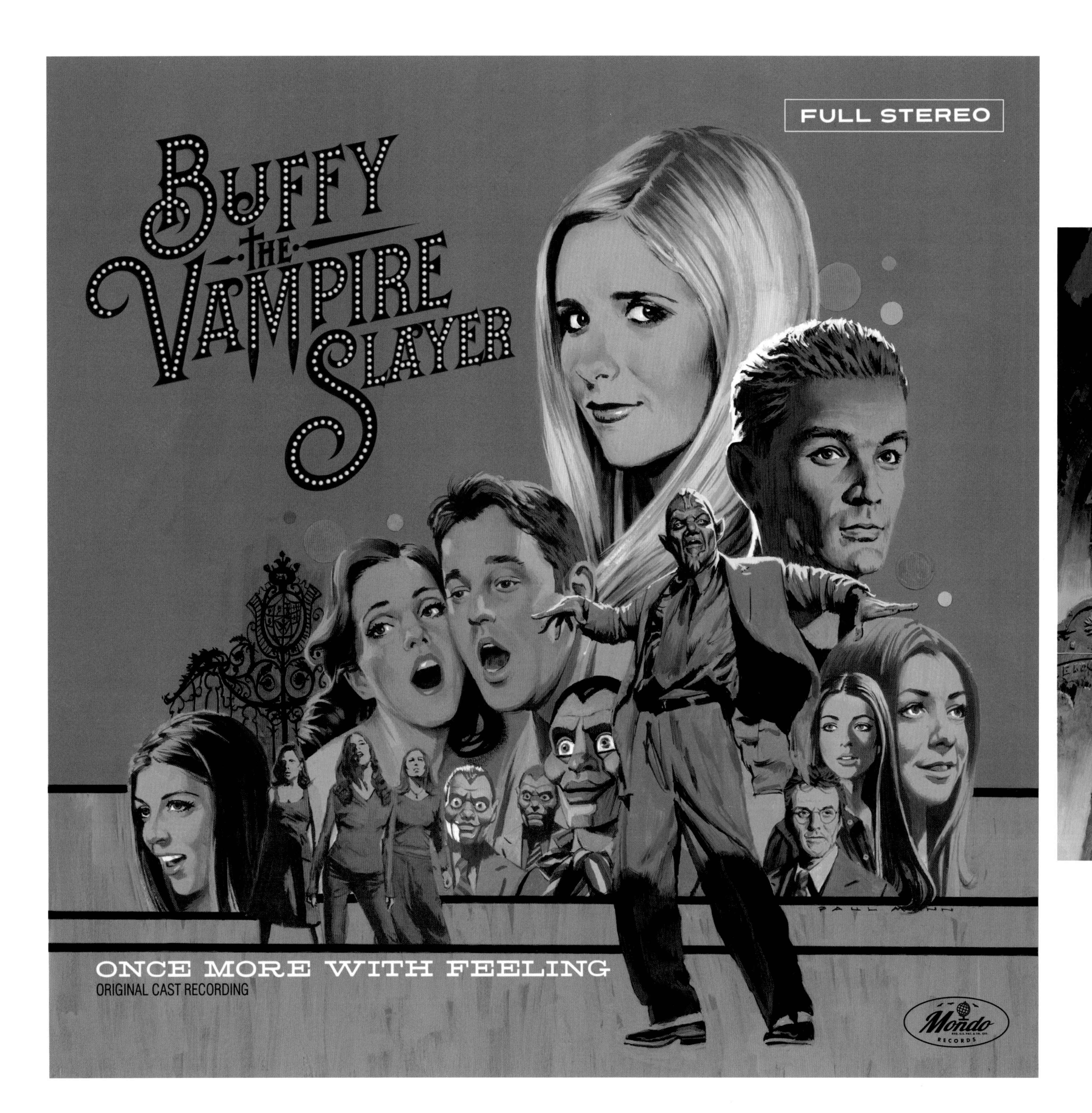
FULL STEREO
BUFFY THE VAMPIRE SLAYER
ONCE MORE WITH FEELING
ORIGINAL CAST RECORDING
Mondo
RECORDS

BATMAN
ORIGINAL MOTION PICTURE SCORE
MUSIC COMPOSED BY DANNY ELFMAN
SIDE A
33 1/3 RPM
01. THE BATMAN THEME (2:38) 02. ROOF FIGHT (1:20)
03. FIRST CONFRONTATION (4:43) 04. FLOWERS (1:51)
05. CLOWN ATTACK (1:58) 06. BATMAN TO THE RESCUE (3:56)
07. ROASTED DUDE (1:04) 08. PHOTOS / BEAUTIFUL DREAMER* (2:30)
09. DESCENT INTO MYSTERY (1:34) 10. BATCAVE (2:35)
11. THE JOKER'S POEM (0:57)
* INCLUDES "BEAUTIFUL DREAMER" COMPOSED BY STEPHEN FOSTER
MONDO
WB
DC
MOND-099R
℗ 1989 & 2018 Warner Bros. Records Inc. Produced under license from Warner Bros. Records Inc. TM and © 1989 DC Comics. © 2017 Warner Bros. Entertainment Inc. Batman is a trademark of and © DC Comics. All Rights Reserved. Manufactured by Rhino Entertainment Company, a Warner Music Group Company. Marketed by Mondo Tees, LLC

JOKER

ON LE
TE
SHIRLEY WALKER

JURASSIC PARK
Original Motion Picture Soundtrack
Music Composed and Conducted by John Williams
GEFFEN
UNIVERSAL
AMBLIN
SIDE A
1. Opening Titles
2. Theme From Jurassic Park
3. Incident At Isla Nublar
4. Journey To The Island
MOND-017
ASSIC PARK
Motion Picture Soundtrack
omposed and Conducted by John Williams
GEFFEN
UNIVERSAL
AMBLIN
SIDE C
9. Dennis Steals The Embryo
10. A Tree For My Bed
11. High-Wire Stunts
12. Remembering Petticoat Lane
13. Jurassic Park Gate
MOND-017

JURASSIC PARK

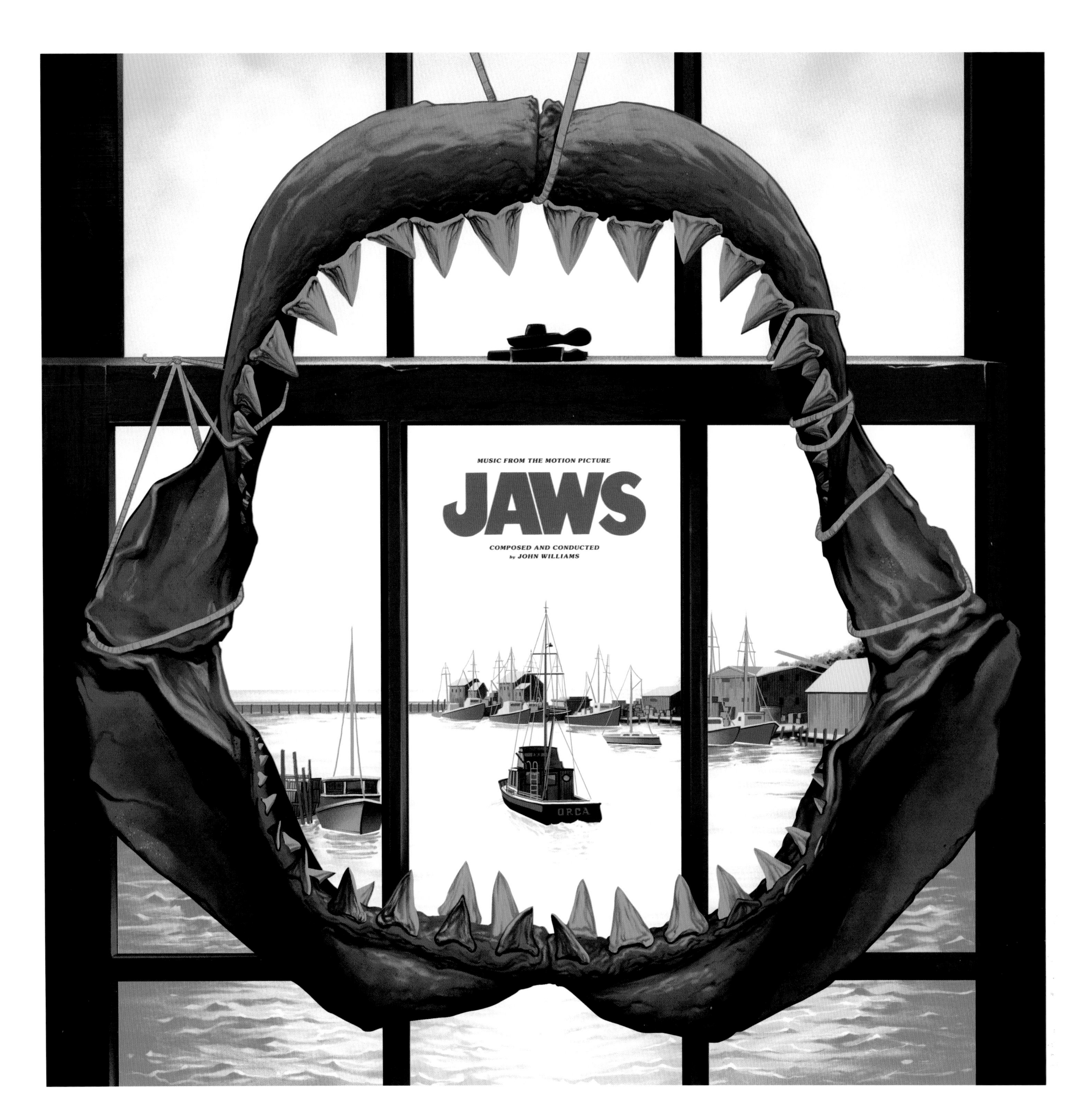
MUSIC FROM THE MOTION PICTURE
JAWS
COMPOSED AND CONDUCTED
by JOHN WILLIAMS
ORCA

MUSIC FROM THE MOTION PICTURE

COMPOSED AND CONDUCTED by JOHN WILLIAMS

SIDE A

01. JAWS – MAIN TITLE 0:59
02. THE FIRST VICTIM 1:45
03. REMAINS ON THE BEACH 0:59
04. THE EMPTY RAFT (EXTENDED VERSION) 1:45
05. THE PIER INCIDENT 2:30
06. FATHER AND SON (FILM VERSION) 1:59
07. THE ALIMENTARY CANAL 1:58
08. BEN GARDNER'S BOAT 3:33

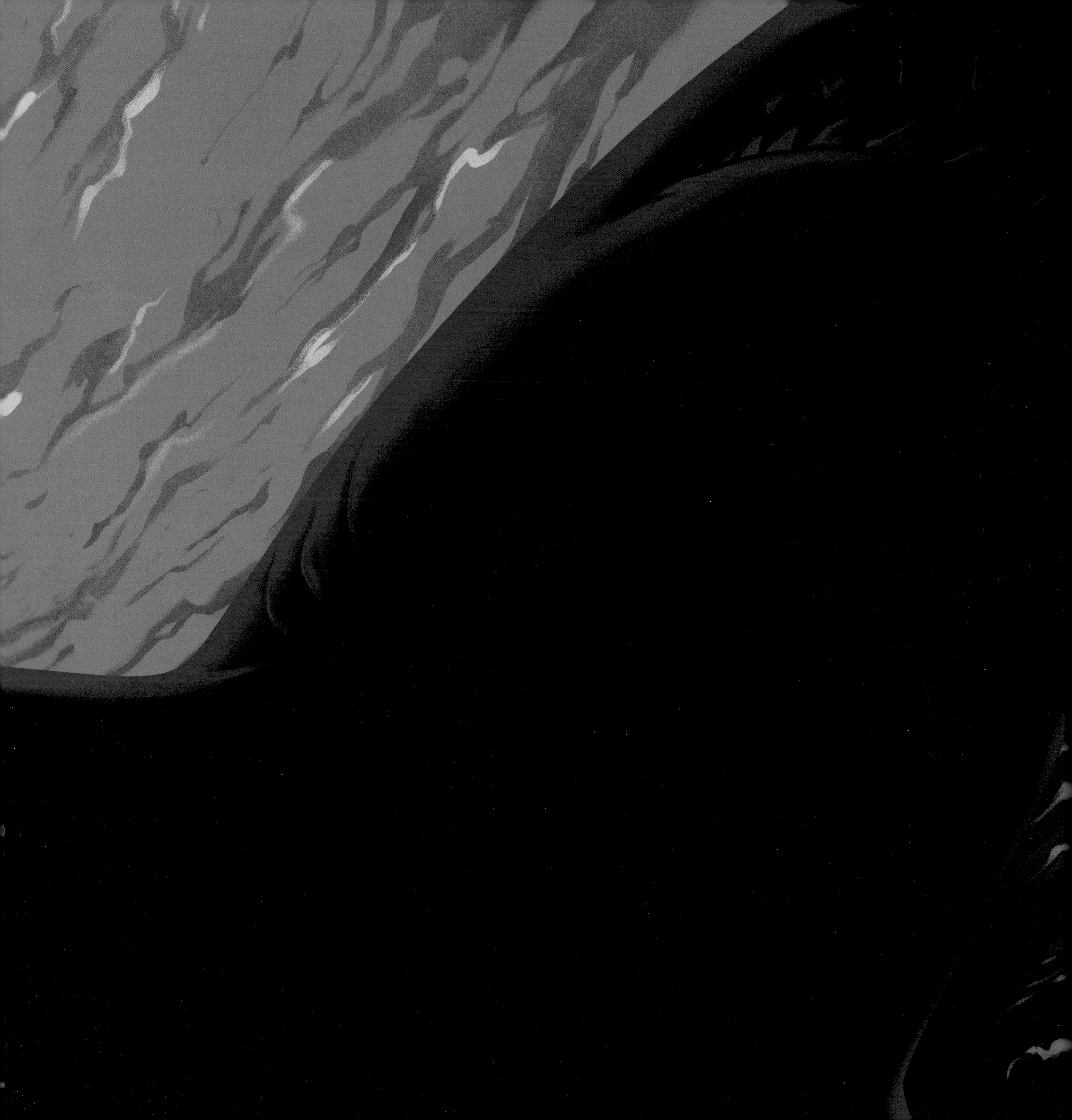

致　谢

罗布・琼斯（Rob Jones）
米奇・帕特南（Mitch Putnam）
埃里克・加尔萨（Eric Garza）
贾斯汀・布鲁克哈特（Justin Brookhart）
阿莉・惠伦（Allie Whalen）
蒂姆・维施（Tim Wiesch）
罗克西・阿尔法（Roxy Arfa）
玛丽・罗丝・威利（Mary Rose Wiley）
香农・史密斯（Shannon Smith）
贾斯汀・伊什梅尔（Justin Ishmael）
杰茜卡・奥尔森（Jessica Olsen）
杰伊・肖（Jay Shaw）
蒂姆・利格（Tim League）
贾森・琼斯（Jason Jones）
迈克・谢里尔（Mike Sherril）
贝萨妮・费雷尔（Bethany Ferrell）
夏丽蒂・弗朗西斯（Charity Francis）
索菲・埃尔南德斯（Sophie Hernandez）
比利・加勒特（Billy Garrett）
艾米・冈萨雷斯・约翰逊（Amiee Gonzalez Johnson）

克里斯・斯科菲尔德（Chris Scofield）
卢卡斯・琼斯（Lucas Jones）
玛丽萨・罗利什（Marisa Rolish）
罗布・西蒙森（Rob Simonsen）
斯泰茜・卡普（Stacy Karp）
香农・劳伦斯（Shannon Lawrence）
萨拉・罗伯特森（Sarah Robertson）及 A to Z Media 公司的各位超级英雄

詹姆斯・普洛特金（James Plotkin）

萨姆・雷诺兹（Sam Reynolds）
维多利亚・威尔莫特（Victoria Willmot）
本・谢泼德（Ben Shepherd）
卡洛斯・科隆（Carlos Colon）
乔希・萨科（Josh Saco）
埃夫里姆・埃尔索伊（Evrim Ersoy）
肖恩・霍根（Sean Hogan）

桑迪普・斯瑞拉姆（Sandeep Sriram）
吉纳维芙・莫里斯（Genevieve Morris）
彼得・阿克塞尔拉德（Peter Axelrad）
阿里・泰茨（Ari Taitz）
雷蒙・冈萨雷斯（Raymond Gonzalez）
贾森・林（Jason Linn）
玛丽亚・贝利（Maria Belli）以及华纳兄弟旗下的 WaterTower 音乐公司

吉娜・阿西亚雷斯（Gina Aciares）

柯林・约斯特（Colin Yost）
特斯蒂・瑞安－琼斯（Tuesday Ryan–Jones）
珍妮弗・利贝斯金德（Jennifer Liebeskind）
汤姆・拉斯基（Tom Laskey）
杰米・马克・雷（Jamie Mac Rae）
乔・切尔尼克（Joe Chernik）
以及索尼音乐 / 索尼古典 / 大师之作公司的所有人

莫妮卡・蒂纳赫罗（Monica Tinajero）
梅利莎・博尔顿（Melissa Bolton）
瑞安・甘斯比（Ryan Gamsby）
金・塔纳（Kim Tarner）
达尼・马尔克曼（Dani Markman）
斯泰茜・萨茨（Stacy Satz）
以及华特迪士尼唱片公司 / 好莱坞唱片公司所有人

尼基・沃尔什（Nikki Walsh）
安迪・卡利瓦（Andy Kalyva）
杰克・沃加里德斯（Jake Voulgarides）
以及 Back Lot Music 公司值得信赖的成员们

比利・菲尔茨（Billy Fields）
戴夫・卡普（Dave Kapp）

吉恩・扎哈列维奇（Gene Zacharewicz）
保罗・哈尔（Paul Hall）
斯科特・拉维内（Scott Ravine）
泰勒・迈尔斯（Taylor Miles）
布伦特・布里格斯（Brent Briggs）

克里斯廷・安德森（Kristin Anderson）
马里萨・马里昂纳基斯（Marisa Marionakis）
达丽娅・克罗宁（Daria Cronin）
杰茜卡・格雷戈雷克（Jessica Grogorek）

J.C. 尚伯雷顿（J.C.Chamboreden）
巴勃罗・曼耶（Pablo Manyer）

达妮埃尔・德热米尼（Daniele De Gemini）
鲍勃・穆拉夫斯基（Bob Murawski）
法比奥・弗里齐（Fabio Frizzi）
马赛厄斯・舍勒（Matthias Scheller）
马西莫・布法（Massimo Buffa）

罗斯玛丽・卡里瓦尔（Rosemary Colliver）
阿丽安娜・祖特纳（Arianne Sutner）
特拉维斯・奈特（Travis Knight）
迈克尔・瓦吉豪特（Michael Waghalter）
马丁・佩勒姆（Martin Pelham）
珍妮弗・瑞安（Jenniphur Ryan）

科林・盖格（Colin Geiger）
以及莱卡公司的所有魔法师们

布赖恩・萨特怀特（Brian Satterwhite）
凯文・埃利奥特（Kevin Elliot）
卡里・曼斯菲尔德（Cary Mansfield）
拜伦・戴维斯（Byron Davis）
杰夫・萨夫兰（Jeff Safran）

海梅・西尔（Jaime Cyr）
珍妮弗・廷德尔（Jennifer Tindal）
托尼・斯库代拉里（Tony Scudellari）
达恩・布雷斯科尔（Dan Brescoll）

布赖恩・麦克内利斯（Brian McNelis）
托尼・安德鲁・贾尔斯（Tony Andrew Giles）
约翰・伯金（John Bergin）
以及 Lakeshore Music 公司慷慨友善的成员们

久保智子（Tomoko Kubo）
迈克尔・劳伊瑙（Michael Rajna）
村中莉卡（Rika Muranaka）
小岛秀夫（Hideo Kojima）

贾斯廷・菲尔茨（Justin Fields）
阿恩・迈耶（Arne Meyer）
斯科特・洛（Scott Lowe）
安杰尔・加西亚（Angel Garcia）

迈克尔・墨菲（Michael Murphy）
埃里克・伊瓦涅斯（Eric Ybanez）

杰伊・查塔韦（Jay Chattaway）
迈克尔・佩里斯坦（Michael Perilstein）
乔・特拉潘尼斯（Joe Trapenese）
麦克・篠田（Mike Shinoda）
克利夫・马丁内斯（Cliff Martinez）
内森・约翰逊（Nathan Johnson）
安东尼・冈萨雷斯（Anthony Gonzales）
欧亨尼奥・米拉（Eugenio Mira）
纳舒・维佳兰多（Nacho Vigalando）
罗布（Rob）
约翰・卡彭特（John Carpenter）
艾伦・豪沃思（Alan Howarth）
乔尔・西尔弗（Joel Silver）
杰夫・韦克斯勒（Geoff Wexler）
仓木久江（Hisae Kuraki）
真咲南朋（Amisaki Nao）
乔恩・布里翁（Jon Brion）
丹尼・埃夫曼（Danny Elfman）

布吕诺・库莱（Bruno Coulais）
艾伦・诺思（Alan North）
阿比・诺思（Abby North）
帕特里克・麦克黑尔（Patrick McHale）
贾斯廷・鲁本斯坦（Justin Rubenstein）
乔什・考夫曼（Josh Kaufman）
布兰登・阿姆斯特朗（Brandon Armstrong）
凯蒂・克伦茨（Katie Krentz）
约翰・威廉姆斯（John Williams）
詹姆斯・夏皮罗（James Shapiro）
埃文・哈斯尼（Evan Husney）
山姆・雷米（Sam Raimi）
乔・洛杜卡（Joe LoDuca）
罗伯特・泰伯特（Robert Tapert）
伊莱贾・伍德（Elijah Wood）
史蒂文・普莱斯（Steven Price）
雷德利・斯科特（Ridley Scott）
保罗・托马斯・安德森（Paul Thomas Anderson）
埃丽卡・弗劳曼（Erica Frauman）
艾梅・曼（Aimee Mann）
勒马托斯（Le Matos）
丹尼・本赛（Danny Bensei）
桑德・朱瑞恩斯（Saunder Jurriens）
克林特・曼塞尔（Clint Mansell）
哥布林（Goblin）
约翰・索德克韦斯特（Johan Soderqvist）
迈克尔・安德鲁斯（Michael Andrews）
理查德・凯利（Richard Kelly）
朱利亚诺・索尔吉尼（Giuliano Sorgini）
贾斯廷・格里夫斯（Justin Greaves）
肖恩・霍根（Sean Hogan）
哈里・鲁滨逊（Harry Robinson）
乔纳森・斯奈普斯（Jonathan Snipes）
威廉・哈特森（Willian Hutson）
弗朗西斯科・德玛西（Francesco De Masi）
安东尼・麦奥维（Antoni Maiovvi）
史蒂夫・摩尔（Steve Moore）
乔・迪莉娅（Joe Delia）
杰夫・格雷斯（Jeff Grace）
埃尼奥・莫里康内（Ennio Morricone）
辛诺拉・凯夫斯（Sinoia Caves）
弗兰克・艾夫曼（Frank Ilfman）
马特・约翰逊（Matt Johnson）
安娜・莉莉・阿米普尔（Ana Lily Amripor）
翁贝托（Umberto）
The Slasher Film Festival Strategy
里兹・奥尔托拉尼（Riz Ortolani）
迈尔斯・布朗（Miles Brown）
安杰洛・巴达拉门蒂（Angelo Badalamenti）
大卫・林奇（David Lynch）

本·洛维特（Ben Lovett）
焦纳·奥斯汀内利（Giona Ostinelli）
安德鲁·亨（Andrew Hung）
本杰明·约翰·鲍尔（Benjamin John Power）
亚当·温高（Adam Wingard）
Pentagram Home Video
沃伊切赫·戈尔切夫斯基（Wojciech Golczewski）
乔尔·格林德（Joel Grind）
布吕诺·尼科莱（Bruno Nicolai）
克里斯托瓦尔·塔皮亚·德维尔（Cristobal Tapia De Veer）
吉姆·威廉姆斯（Jim Williams）
埃尔维斯·珀金斯（Elvis Perkins）
奥斯古德·珀金斯（Osgood Perkins）
迈克尔·叶泽尔斯基（Michael Yezerski）
克里斯托弗·扬（Christopher Young）
蒂莫西·法伊夫（Timothy Fife）
Pye Corner Audio 项目
致命复仇者（Deadly Avenger）
杰德·帕尔梅（Jed Palmer）
本杰明·沃尔费什（Leigh Whannel）
钱德勒·波林（Chandler Poling）
利·霍内尔（Leigh Whannel）
Dolls 组合
斯拉娃·楚克尔曼（Slava Tsukerman）
查理·伯恩斯坦克（Charles Bernsteinck）
格雷戈里·斯特里皮（Gregory Tripi）
兰迪·米勒（Randy Miller）
芭比（BABii）
猎人情结（Hunter Complex）
亚历克斯·温特（Alex Winter）
汤姆·斯特恩（Tom Stern）
奥拉·弗洛特姆（Ola Flottum）
史蒂夫·霍尔利（Steve Horeli）
艾伦·西尔韦斯特里（Alan Silvestri）
蒂姆·伯顿（Tim Burton）

德鲁·斯特鲁赞（Drew Struzan）
肯·泰勒（Ken Taylor）
贾斯廷·埃里克森（Justin Erickson）
佩奇·雷诺兹（Paige Reynolds）
桑尼·戴（Sonny Day
比迪·马罗尼（Biddy Maroney）
泰勒·斯托特（Tyler Stout）
迈克·萨普托（Mike Saputo）
基利恩·恩（Kilian Eng）
杰夫·普罗克特（Jeff Proctor）
丹·库尔肯（Dan Kuhlken）
内森·戈德曼（Nathan Goldman）
马特·泰勒（Matt Taylor）
奥利·莫斯（Olly Moss）

斯图·马登（Stu Madden）
贾森·埃德米斯顿（Jason Edmiston）
杰夫·达罗（Geof Darrow）
戴夫·斯图尔特（Dave Stewart）
马修·伍德森（Matthew Woodson）
萨姆·沃尔费·康奈利（Sam Wolfe Connelly）
艾伦·海因斯（Alan Hynes）
乔克（Jock）
亚当·辛普森（Adam Simpson）
兰迪·奥尔蒂斯（Randy Ortiz）
里奇·凯利（Rich Kelly）
保罗·曼（Paul Mann）
托梅尔·哈努卡（Tomer Hanuka）
安德鲁·科尔布（Andrew Kolb）
贝姬·克卢南（Becky Cloonan）
埃里克·鲍威尔（Eric Powell）
萨钦·滕（Sachin Teng）
杰诺莱（Jenolab）
贾丝明·达内尔（Jasmin Darnell）
奥利弗·巴雷特（Oliver Barrett）
加里·普林（Gary Pullin）
妮科尔·古斯塔夫松（Nicole Gustafsson）
斯坦·马努基安（Stan Manoukian）
万斯·鲁谢（Vince Roucher）
塞萨尔·蒙特诺（César Moreno）
德博拉·卡普拉（Deborah Kaplan）
哈里·埃尔方特（Harry Elfont）
雷切尔·利·库克（Rachael Leigh Cook）
罗萨里奥·道森（Rosario Dawson）
塔拉·里德（Tara Reid）

凯·汉利（Kay Hanley）
迈克尔·贾基诺（Paul Mann）
玛丽亚·贾基诺（Maria Giacchino）
阿齐兹·安萨里（Aziz Ansari）
扎克·考伊（Zach Cowie）
路德维格·戈兰松（Ludwig Goransson）
安迪·桑德伯格（Andy Sandberg）
乔玛·斯塔科内（Jorma Taccone）
阿基瓦·谢弗（Akiva Schafer）
史蒂夫·巴尼特（Steve Barnett）
约翰尼·东布罗夫斯基（Johnny Dombrowski）
格雷格·鲁思（Greg Ruth）
克雷格·德雷克（Craig Drake）
汤姆·惠伦（Tom Whalen）
杰夫·郎之万（Jeff Langevin）
JC·理查德（JC Richard）
马克·阿斯皮诺尔（Marc Aspinal）
JJ·哈里森（JJ Harrison）
萨拉·德克（Sara Deck）

维克托·卡尔瓦切夫（Viktor Kalvachev）
马特·瑞安·托宾（Matt Ryan Tobin）

托宾·S·布尔克（Neil S Bulk）
迈克尔·马特西诺（Michael Mattessino）
丹·戈德瓦瑟（Dan Goldwasser）
豪特·洛维（Haunt Love）
卢克·英塞克特（Luke Insect）
杰克·休斯（Jack Hughes）
埃里克·安德里安·李（Eric Adrian Lee）
格雷厄姆·汉弗莱斯（Graham Humphreys）
萨姆·特纳（Sam Turner）
坎迪丝·特里普（Candice Tripp）
金伯利·霍拉迪（Kimberley Holladay）
吉勒斯·弗兰克兹（Gilles Vranckz）
汤姆·弗伦奇（Tom French）
萨姆·史密斯（Sam Smith）
汤姆·霍奇（Tom Hodge）
拉博卡（La Boca）
格雷厄姆·雷兹尼克（Graham Reznick）

本·布莱克韦尔（Ben Blackwell）
威廉·勒斯蒂格（William Lustig）
乔·斯皮内尔（Joe Spinel）
拉斯·尼尔森（Lars Nilson）
本·斯旺克（Ben Swank）
蒂法妮·斯蒂芬（Tiffany Stefans）
拉洛·梅迪纳（Lalo Medina）
Human Head Record 唱片店的史蒂夫·史密斯（Steve Smith），这是布鲁克林必去的一个店

Light In The Attic 公司
Republic of Music 公司
Rocket Distribution 公司
Aux-88 乐队

以及全世界有我们唱片作品库存的店。

还有所有购买过我们任何唱片的人，所有来参加我们的任何活动，说“你好”，或者为我们网上的帖子点赞的人。我们爱你们所有人。

索 引

第 2 页
《蝙蝠侠》动画版（*Batman: The Animated Series*）
版本：12 英寸，MOND-042
作曲：丹尼・埃夫曼（Danny Elfman）
设计：Phantom City Creative

第 4 页
《剥头煞星》（*Maniac*，1980）
版本：电影原声，MOND-001
作曲：杰伊・查塔韦（Jay Chattaway）
设计：肯・泰勒（Ken Taylor）

第 5 页
《生人回避 2》（*Zombie Flesh Eaters/ Zombi 2*，1979）
版本：LP，DW001
作曲：法比奥・弗里齐（Fabio Frizzi）
设计：汤姆・博韦（Tom Beauvais）

第 6 页
《极速赛车手》（*Speed Racer*，2008）
版本：电影原声，2 × LP，MOND-125
作曲：迈克尔・贾基诺（Michael Giacchino）
设计：克雷格・德雷克（Craig Drake）

第 8 页
《木兰花》（*Magnolia*，1999）
版本：电影原声，3 × LP，MOND-028
作曲：艾梅・曼（Aimee Mann）& 乔恩・布里翁（Jon Brion）
设计：若昂・鲁阿斯（João Ruas）

第 10 页
《死亡幻觉》（*Donnie Darko*，2001）
版本：电影原声独家版，LP，DW004
作曲：迈克尔・安德鲁斯（Michael Andrews）
设计：汤姆・弗伦奇（Tom French）

第 12 页
《环形使者》（*Looper*，2012）
版本：电影原声，2 × LP，MOND-006
作曲：内森・约翰逊（Nathan Johnson）
设计：杰伊・肖（Jay Shaw）

第 14—15 页
《小精灵》（*Gremlins*，1984）
版本：电影原声，2 × LP，MOND-083
作曲：杰里・戈德史密斯（Jerry Goldsmith）
设计：Phantom City Creative

第 16 页
《鬼驱人》（*The Beyond*，1981）
版本：电影原声，LP，MOND-002
作曲：法比奥・弗里齐
设计：罗布・琼斯

第 17 页
《鬼驱人》
版本：电影原声，LP，DW031
作曲：法比奥・弗里齐
设计：格雷厄姆・汉弗莱斯（Graham Humphreys）

第 18 页
《血溅十三号警署》（*Assault on Precinct 13*，1976）
版本：LP，DW018
作曲：约翰・卡彭特（John Carpenter）
设计：杰伊・肖

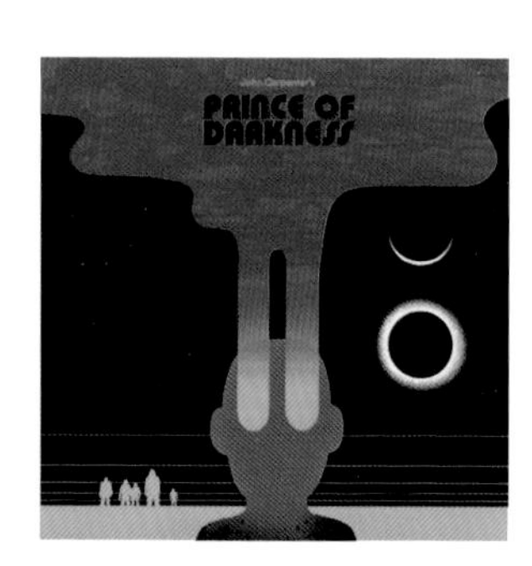

第 19 页
《天魔回魂》（Prince of Darkness，1988）
版本：电影原声再发行版，DW006R
作曲：约翰・卡彭特
设计：萨姆・史密斯（Sam Smith）

第 20-21 页

《天魔回魂》(*Prince of Darkness*，1988)
版本：电影原声再发行版，DW006RP
作曲：约翰·卡彭特
设计：萨拉·德克(Sara Deck)

第 22-23 页

《月光光心慌慌》40 周年纪念版
版本：电影原声，Beyond Fest 电影节版，DW135
作曲：约翰·卡彭特
设计：迈克·萨普托(Mike Saputo)

第 24-27 页

《月光光心慌慌》(*Halloween*，1978)
版本：电影原声，2 × LP，MOND-013
作曲：约翰·卡彭特
设计：Phantom City Creative

第 28 页

《极度空间》(*They Live*，1988)
版本：电影原声再发行版，DW009
作曲：艾伦·豪沃思(Alan Howarth)& 约翰·卡彭特
设计：加里·普林(Gary Pullin)

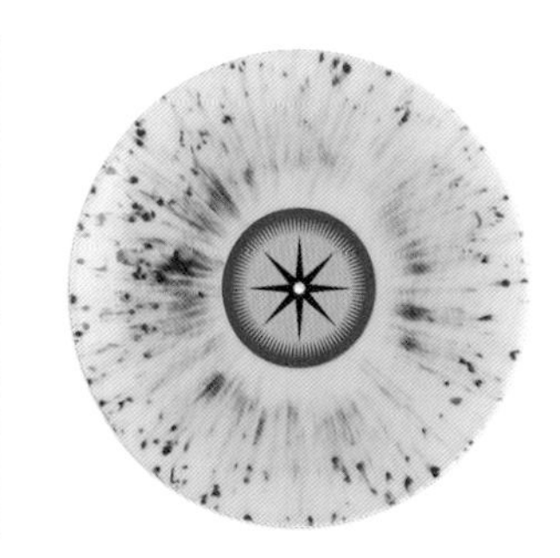

第 29 页

《极度空间》
版本：电影原声，编号 DW130
作曲：艾伦·豪沃思(Alan Howarth)& 约翰·卡彭特
设计：艾伦·海因斯(Alan Hynes)

第 30 页

《纽约大逃亡》(*Escape from New York*，1981)
版本：DW002
作曲：约翰·卡彭特
设计：杰伊·肖

第 31 页

《鬼追人》(*Phantasm*，1979)
版本：LP，MOND-057
作曲：弗雷德·麦罗(Fred Myrow)& 马尔科姆·西格雷夫(Malcolm Seagrave)
设计：Phantom City Creative

第 32 页

《访客》(*The Visitors*，1972)
版本：电影原声，2 × LP，MOND-023
作曲：弗兰科·米卡利齐(Franco Micalizzi)
设计：杰伊·肖

第 33 页

《人食人实录》(*Cannibal Holocaust*，1980)
版本：电影原声，LP，MOND-047
作曲：里兹·奥尔托拉尼(Riz Ortolani)
设计：Jock

第 34 页

《活死人之夜》(*Night of the Living Dead*，1968)
版本：电影原声，LP，DW029DL
作曲：法比奥·弗里齐
设计：格雷厄姆·汉弗莱斯

第 35 页

《黑暗之外》(*Buio Omega*，1979)
版本：电影原声，LP，DW124
作曲：Goblin
设计：兰迪·奥尔蒂斯(Randy Ortiz)

第 36 页

Goblin 巡回演唱会 EP
版本：DW019
作曲：Goblin
设计：格雷厄姆·汉弗莱斯

第 37—39 页

《阴风阵阵》(*Suspiria*，1977)
版本：电影原声，LP，DW125
作曲：Goblin
设计：兰迪·奥尔蒂斯

第 40 页

《守墓屋》(*The House By The Cemetery*，1981)
版本：DW012
作曲：瓦尔特·里扎蒂(Walter Rizzati)
设计：格雷厄姆·汉弗莱斯

第 41 页

《僵尸坟场》(*The Living Dead at Manchester Morgue*，1974)
版本：电影原声，LP，DW005R
作曲：朱利亚诺·索尔吉尼(Giuliano Sorgini)
设计：卢克·英塞克特(Luke Insect)

第 42—43 页

《鬼玩人》(*The Evil Dead*，1981)
版本：TFW 版，2 × LP，DW112
作曲：乔·洛杜卡(Joe LoDuca)
设计：格雷厄姆·汉弗莱斯

第 44—45 页

"魂盒"《猛鬼街》(*A Nightmare On Elm Street*，1984)
版本：8 × LP 盒套装
作曲：多位艺术家
设计：迈克·萨普托(Mike Saputo)

第 46—47 页

《养鬼吃人》(*Hellraiser*，1987)
版本：电影原声，LP，DW113
作曲：克里斯托弗·扬(Christopher Young)
设计：马特·瑞安·托宾(Matt Ryan Tobin)

第 48 页
《剥头煞星》（1980）
版本：电影原声，LP，DW056
作曲：杰伊・查塔韦
设计：兰迪・奥尔蒂斯

第 49 页
《剥头煞星》（2012）
版本：DW014
作曲：罗班・库代尔
（“Rob” Robin Coudert）
设计：杰伊・肖

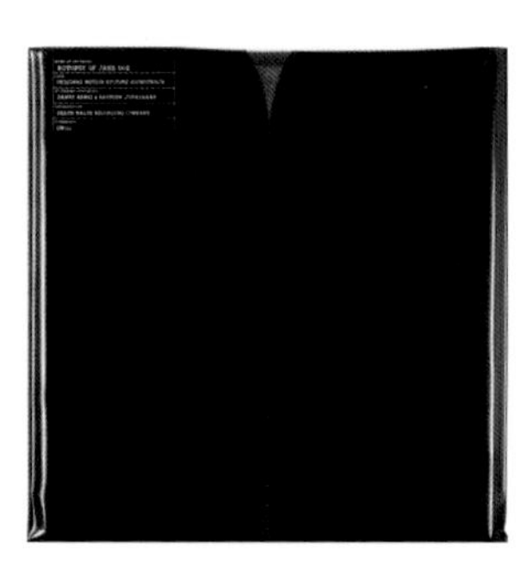

第 50—51 页
《无名女尸》（*The Autopsy of Jane Doe*，2016）
版本：电影原声，LP，DW111
作曲：丹尼・本赛（Danny Bensei）& 桑德・朱瑞恩斯（Saunder Jurriens）
设计：杰伊・肖

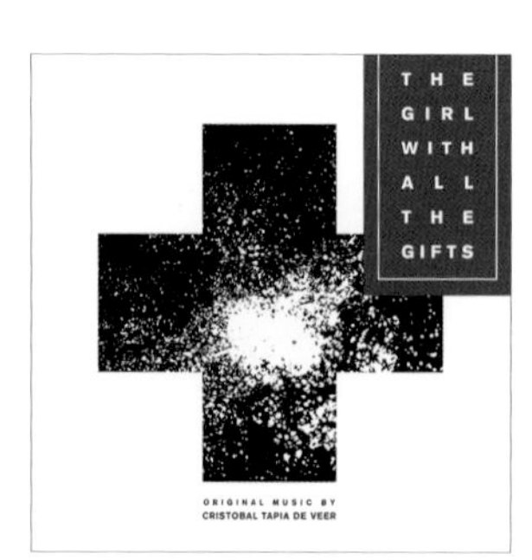

第 52 页
《天赐之女》（*The Girl with All the Gifts*，2016）
版本：电影原声，2 × LP，DW078
作曲：克里斯托瓦尔・塔皮亚・德维尔（Cristobal Tapia De Veer）
设计：杰伊・肖

第 53 页
《迷幻黑彩虹》（*Beyond the Black Rainbow*，2010）
版本：电影原声，LP，DW029.5
作曲：辛诺拉・凯夫斯（Sinoia Caves）
设计：杰里米・施米特（Jeremy Schmidt）

第 54 页
《牧师之女》（*The Blackcoat's Daughter*，2015）
版本：电影原声，LP，DW105
作曲：埃尔维斯・珀金斯（Elvis Perkins）
设计：杰伊・肖

第 55 页
《生食》（*Raw*，2016）
版本：电影原声，2 × LP，DW101
作曲：吉姆・威廉姆斯（Jim Williams）
设计：坎迪丝・特里普（Candice Tripp）

第 56 页
《流动的天空》（*Liquid Sky*，1982）
版本：电影原声，LP，DW128
作曲：斯拉娃・楚克尔曼（Slava Tsukerman）
设计：杰克・休斯（Jack Hughes）

第 57 页
《鬣狗毒警》（*Hyena*，2014）
版本：电影原声，2 × LP，DW039
作曲：The The
设计：马特・约翰逊（Matt Johnson）

第 58—59 页
《死亡高潮》（*Deathgasm*，2015）
版本：电影原声，2 × LP，DW41
作曲：多位艺术家
设计：萨姆・特纳（Sam Turner）

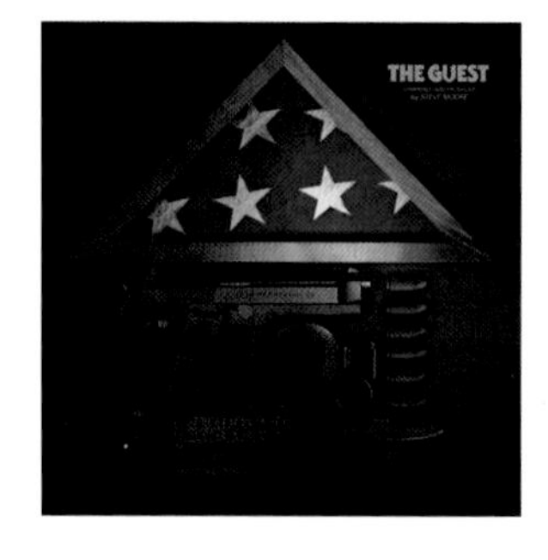

第 60 页
《不速之客》（*The Guest*，2014）
版本：电影原声，LP，DW042
作曲：史蒂夫・摩尔（Steve Moore）
设计：艾伦・海因斯

第 61 页
《独自夜归的女孩》（*A Girl Walks Home Alone at Night*，2014）
版本：2 × LP，DW40LP
作曲：多位艺术家
设计：杰伊・肖

第 62—65 页
《僵尸肖恩》（*Shaun of the Dead*，2004）
版本：原版配乐，LP，MOND-043
作曲：丹尼尔・马福德（Daniel Mudford）& 皮特・伍德海德（Pete Woodhead）
设计：Jock

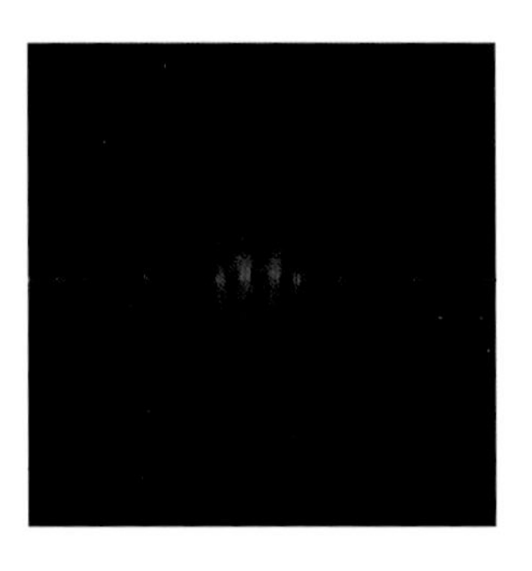

第 66—69 页
《寂静之地》（*A Quiet Place*，2018）
版本：电影原声，LP，DW133
作曲：马尔科・贝尔特拉米（Marco Beltrami）
设计：马特・瑞安・托宾

第 70—71 页
《裸体午餐》（*Naked Lunch*，1991）
版本：电影原声，2 × LP，MOND-079
作曲：霍华德・肖尔（Howard Shore）& 奥尔尼特・科尔曼（Ornette Coleman）
设计：里奇・凯利（Rich Kelly）

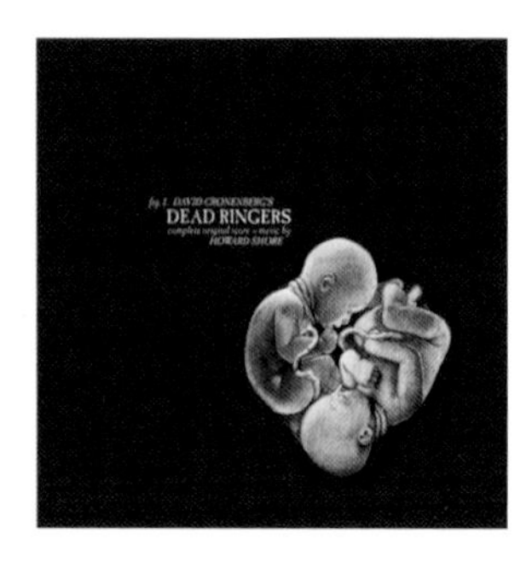

第 72—73 页
《孽扣》（*Dead Ringers*，1988）
版本：电影原声，LP，MOND-077
作曲：霍华德・肖尔
设计：兰迪・奥尔蒂斯

第 74—75 页
《欲望号快车》（*Crash*，1996）
版本：电影原声，2 × LP，MOND-078
作曲：霍华德・肖尔
设计：里奇・凯利

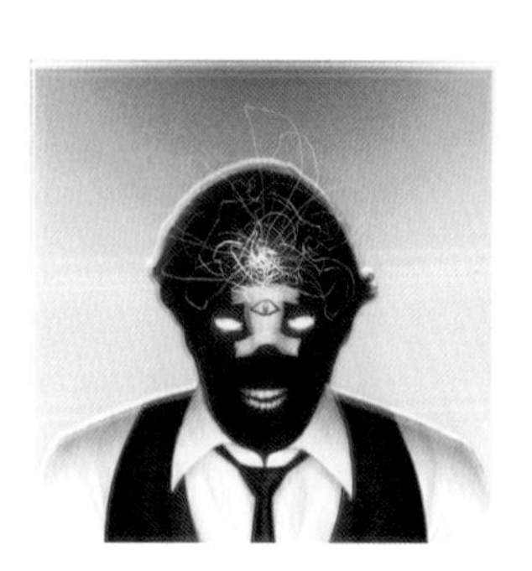

第 76—77 页
《夺命凶灵》（*Scanners*，1981）
《灵婴》（*The Brood*，1979）
版本：电影原声，LP，MOND-040
作曲：霍华德・肖尔
设计：萨姆・沃尔费・康奈利（Sam Wolfe Connelly）

第 78—79 页
《2001 太空漫游》(*2001: A Space Odyssey*，1968)
版本：电影原声，MOND-200
作曲：多位艺术家
设计：马修·伍德森 (Matthew Woodson)

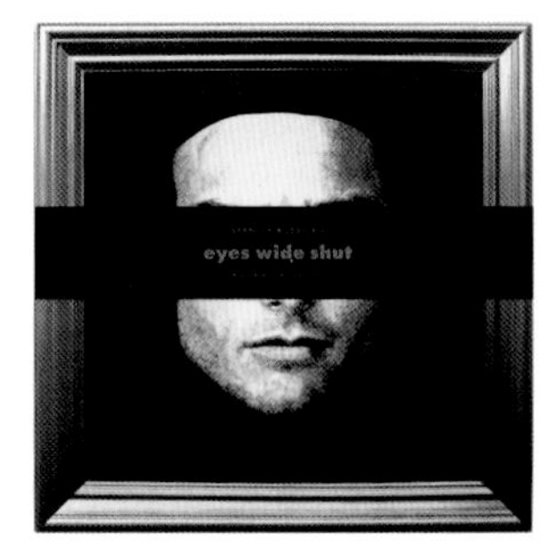

第 80—81 页
《大开眼戒》(*Eyes Wide Shut*，1999)
版本：电影原声，2 × LP，DW175
作曲：多位艺术家
设计：艾伦·海因斯

第 82—83 页
《异形》(*Alien*，1979)
版本：电影原声，2 × LP，MOND-027
作曲：杰里·戈德史密斯
设计：基利恩·恩 (Kilian Eng)

第 84—87 页
《异形 2》(*Aliens*，1986)
版本：电影原声，2 × LP，MOND-030
作曲：詹姆斯·霍纳 (James Horner)
设计：基利恩·恩

第 88—89 页
《普罗米修斯》(*Prometheus*，2012)
版本：电影原声，2 × LP，MOND-051
作曲：马克·斯特雷滕费尔德 (Marc Streitenfeld)
设计：基利恩·恩

第 90—93 页
《银翼杀手 2049》(*Blade Runner 2049*，2017)
版本：电影原声，2 × LP，MOND-183
作曲：本杰明·沃尔费什 (Benjamin Wallfisch) &
汉斯·季默 (Hans Zimmer)
设计：维克托·卡尔瓦切夫 (Viktor Kalvachev)

第 94—95 页
《双峰》(*Twin Peaks*)
版本：原声配乐，LP，DW50
作曲：安杰洛·巴达拉门蒂 (Angelo Badalamenti)
设计：Sam' s Myth

第 96 页
《群星眨眼》(*Stars Shine Like Eyes*)
版本：DW004
作曲：Pye Corner Audio
设计：La Boca

第 97 页
《来自地狱》(*From Hell*)
作曲：Victims
设计：萨沙·布劳尼格 (Sascha Braunig)

第 98 页
《撒旦的小路》(*The Satanic Path*)
版本：DW019
作曲：Pentagram Home Video
设计：We Buy Your Kids

第 99 页
《最后生还者》(*The Last of Us*)
版本：原声，4 × LP，MOND-029
作曲：古斯塔夫·桑陶拉利亚 (Gustavo Santaolalla)
设计：杰伊·肖 & 奥利·莫斯 (Olly Moss)

第 100—103 页
《最后生还者》原声第一辑
版本：原声配乐，2 × LP，MOND-029-1
作曲：古斯塔夫·桑陶拉利亚
设计：萨姆·沃尔费·康奈利

第 104—107 页
《最后生还者》原声第二辑
版本：原声配乐，2 × LP，MOND-029-2
作曲：古斯塔夫·桑陶拉利亚
设计：萨姆·沃尔费·康奈利

第 108—109 页
《恶魔城》(*Castlevania*)
版本：游戏原声，10 英寸，LP，MOND-071
作曲：KONAMI Kukeiha Club
设计：贝姬·克卢南 (Becky Cloonan)

第 110—111 页
《恶魔城 2：诅咒的封印》(*Castlevania II: Simon's Quest*)
版本：游戏原声，10 英寸，LP，MOND-072
作曲：KONAMI Kukeiha Club
设计：埃里克·鲍威尔 (Eric Powell)

第 112—113 页
《恶魔城传说》(*Castlevania III: Dracula's Curse*)
版本：游戏原声，2 × LP，MOND-073
作曲：KONAMI Kukeiha Club
设计：萨钦·滕 (Sachin Teng)

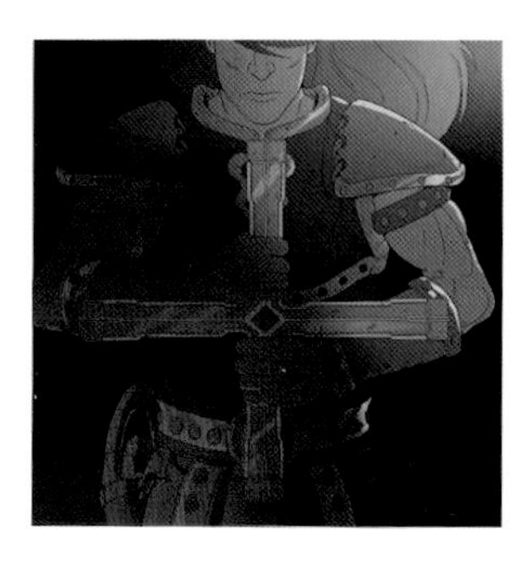

第 114—115 页
《超级恶魔城 4》(*Super Castlevania IV*)
版本：游戏原声，2 × LP，MOND-074
作曲：KONAMI Kukeiha Club
设计：JenoLab

第 116—117 页
《恶魔城 X：血之轮回》(*Castlevania: Rondo of Blood/Dracula X*)
版本：游戏原声，2 × LP，MOND-126
作曲：KONAMI Kukeiha Club
设计：奥利弗·巴雷特 (Oliver Barrett)

第 118—121 页

《恶魔城：月下夜想曲》(*Castlevania: Symphony of the Night*)
版本：游戏原声，2 × LP，MOND-075
作曲：KONAMI Kukeiha Club
设计：贾丝明・达内尔 (Jasmin Darnell)

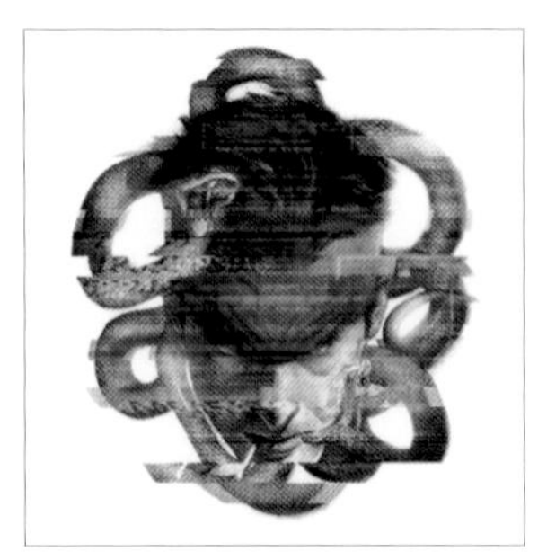

第 122 页

《合金装备》(*Metal Gear Solid*)
版本：游戏原声，2 × LP，MOND-185
作曲：KONAMI Digital Entertainment
设计：兰迪・奥尔蒂斯

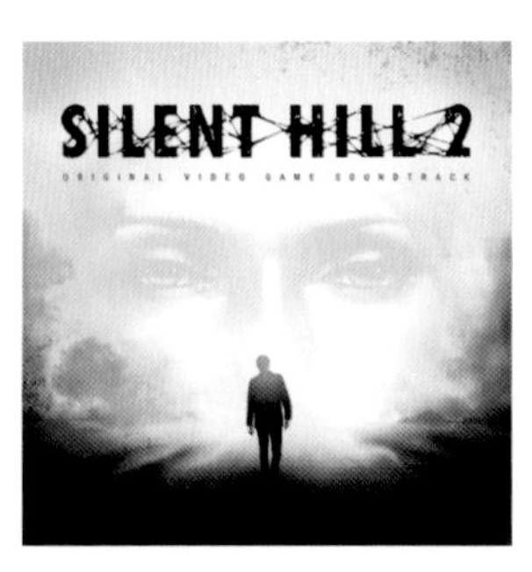

第 123 页

《寂静岭 2》(*Silent Hill 2*)
版本：游戏原声，2 × LP，MOND-161
作曲：KONAMI Digital Entertainment
设计：萨拉・德克

第 124—127 页

《鬼妈妈》(*Coraline*，2009)
版本：电影原声，2 × LP，MOND-018
作曲：布吕诺・库莱 (Bruno Coulais)
设计：迈克尔・德皮波 (Micheal De Pippo)

第 128—131 页

《盒子怪》(*The Boxtrolls*，2014)
版本：电影原声，2 × LP，MOND-050
作曲：达里奥・马里亚内利 (Dario Marianelli)
设计：里奇・凯利

第 132—133 页

《魔弦传说》(*Kubo and the Two Strings*，2016)
版本：原声，2 × LP，MOND-097
作曲：达里奥・马里亚内利
设计：塞萨・莫雷尼奥 (Cesar Moreno)

第 134—137 页

《遗失的环节》(*Missing Link*，2019)
版本：电影原声，2 × LP，MOND-137
作曲：卡特・伯韦尔 (Carter Burwell)
设计：妮科尔・古斯塔夫松 (Nicole Gustafsson)

第 138—139 页

《谁陷害了兔子罗杰》(*Who Framed Roger Rabbit*，1988)
版本：电影原声，LP，MOND-089
作曲：艾伦・西尔韦斯特里 (Alan Silvestri)
设计：Stan & Vince

第 140—143 页

《圣诞夜惊魂》(*The Nightmare Before Christmas*，1993)
版本：电影原声，2 × LP，MOND-132
作曲：丹尼・埃夫曼
设计：蒂姆・伯顿 (Tim Burton)

第 144—147 页

《美食总动员》(*Ratatouille*，2007)
版本：电影原声，2 × LP，MOND-117
作曲：迈克尔・贾基诺
设计：妮科尔・古斯塔夫松

第 148—151 页

《探险活宝》(*Adventure Time*)
版本：全集盒套装，MOND-175
作曲：多位艺术家
设计：JJ・哈里森 (JJ Harrison)

第 152—155 页

《花园墙外》(*Over the Garden Wall*，2014)
版本：原声，LP，MOND-076
作曲：The Blasting Company
设计：萨姆・沃尔费・康奈利

第 156—157 页

《降妖别动队》(*The Monster Squad*，1987)
版本：电影原声，2 × LP，MOND-081
作曲：布鲁斯・布劳顿 (Bruce Broughton)
设计：加里・普林

第 158—159 页

Chronicles of the Wasteland
《极爆少年》(*Turbo Kid*，2015)
版本：电影原声，2 × LP，DW045
作曲：Le Matos
设计：RKSS

第 160—161 页

《搏击俱乐部》(*Fight Club*，1999)
版本：电影原声，2 × LP，MOND-041
作曲：Dust Brothers
设计：艾伦・海因斯

第 162—165 页

《极速赛车手》(*Speed Racer*，2008)
版本：电影原声，2 × LP，MOND-125
作曲：迈克尔・贾基诺
设计：克雷格・德雷克

第 166—169 页

《珍爱泉源》(*The Fountain*，2006)
版本：电影原声，LP，MOND-088
作曲：克林特・曼塞尔 (Clint Mansell)
设计：妮科尔・古斯塔夫松

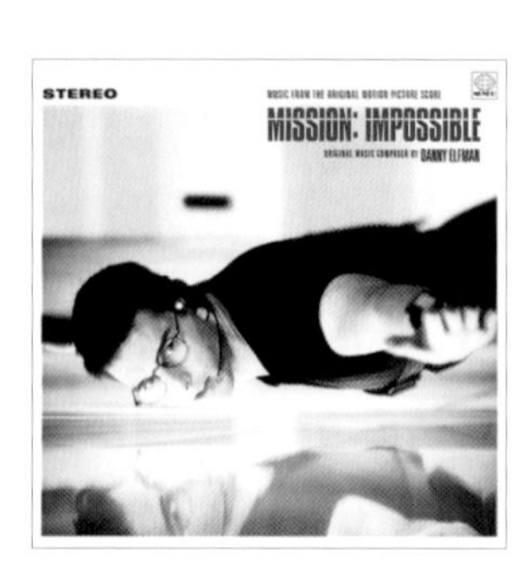

第 170 页

《碟中谍》(*Mission: Impossible*，1996)
版本：电影原声，2 × LP，MOND-151
作曲：丹尼・埃夫曼

第 171 页
《碟中谍 6：全面瓦解》（*Mission: Impossible – Fallout*，2018）
版本：电影音乐，2 × LP，MOND-156
作曲：洛恩·巴尔夫（Lorne Balfe）

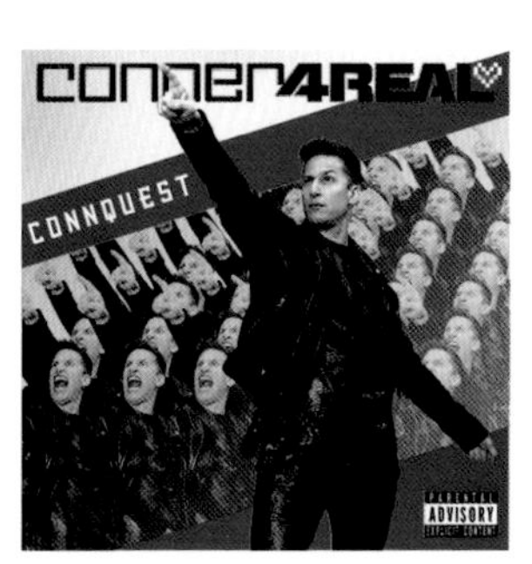

第 172 页
《流行歌星：永不停歇》（*Popstar: Never Stop Never Stopping*，2016）
版本：MOND-118A
作曲：The Lonely Island
设计：萨沙·布劳尼格

第 173 页
《猫女乐队》（*Josie and the Pussycats*）
版本：电影音乐，7 英寸，MOND-113
作曲：多位艺术家

第 174—177 页
《回到未来》（*Back to the Future*，1985）
版本：原声配乐，2 × LP，MOND-058
作曲：艾伦·西尔韦斯特里
设计：马特·泰勒（Matt Taylor）

第 178—181 页
《回到未来 2》（*Back to the Future Part II*，1989）
版本：原声配乐，2 × LP，MOND-059
作曲：艾伦·西尔韦斯特里
设计：马特·泰勒

第 182—185 页
《回到未来 3》（*Back to the Future Part III*，1990）
版本：原声配乐，2 × LP，MOND-060
作曲：艾伦·西尔韦斯特里
设计：马特·泰勒

第 186—187 页
《回到未来》（*Back to the Future*）
版本：电影音乐，LP，MOND-166
作曲：多位艺术家
设计：德鲁·斯特鲁赞

第 188—189 页
《极寒之城》（*Atomic Blonde*，2017）
版本：电影原声，2 × LP，MOND-114
作曲：多位艺术家
设计：罗恩·莱塞（Ron Lesser）

第 190—191 页
《吸血鬼猎人巴菲：以心动再来一次》（*Buffy the Vampire Slayer: Once More with Feeling*）版本：LP，MOND-121
作曲：Original Cast Recording
设计：保罗·曼（Paul Mann）

第 192—195 页
《蝙蝠侠》（*Batman*，1989）
版本：电影原声，LP，MOND-099
作曲：丹尼·埃夫曼
设计：基利恩·恩

第 196—197 页
《蝙蝠侠归来》（*Batman Returns*，1992）
版本：电影原声，2 × LP，MOND-100
作曲：丹尼·埃夫曼
设计：基利恩·恩

第 198—199 页
《蝙蝠侠：动画版》
版本：8 × LP 盒装，MOND-069
作曲：多位艺术家
设计：Phantom City Creative

第 200—203 页
《侏罗纪公园》（*Jurassic Park*，1993）
版本：电影原声，2 × LP，MOND-017
作曲：约翰·威廉姆斯
设计：JC·理查德（JC Richard）

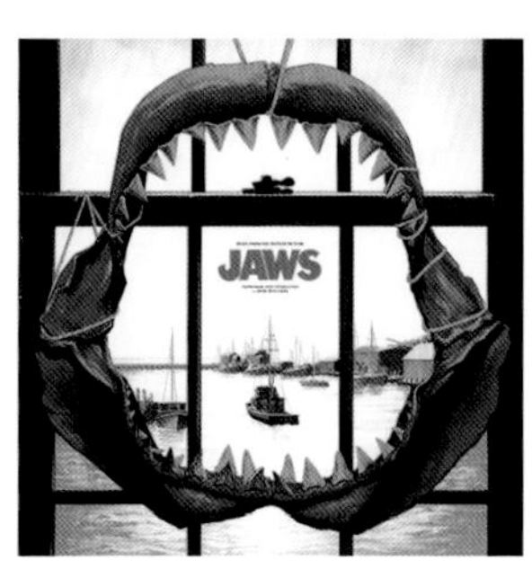

第 204—207 页
《大白鲨》（*Jaws*，1975）
版本：电影音乐，MOND-115
作曲：约翰·威廉姆斯
设计：Phantom City Creative

图书在版编目（CIP）数据

Mondo 黑胶唱片设计艺术典藏 / 美国 Mondo 公司，（美）托德 · 吉尔克里斯特 (Todd Gilchrist) 编；后浪电影学院译 . -- 成都：四川美术出版社，2022.12
书名原文：Mondo: The Art of Soundtracks
ISBN 978-7-5740-0118-3

Ⅰ . ① M… Ⅱ . ①美… ②托… ③后… Ⅲ . ①唱片－设计－作品集－世界 Ⅳ . ① TS954.5

中国版本图书馆 CIP 数据核字 (2022) 第 124903 号

Mondo: The Art of Soundtracks
Published by arrangement with Insight Editions, LP, 800 A Street, San Rafael, CA 94901, USA, www.insighteditions.com

Simplified Chinese edition published by Ginkgo (Shanghai) Book Co., Ltd.
本书中文简体版权归属于银杏树下（上海）图书有限责任公司

著作权合同登记号 图进字 21-2022-169

Mondo 黑胶唱片设计艺术典藏

MONDO HEIJIAO CHANGPIAN SHEJI YISHU DIANCANG

[美] Mondo 公司 [美] 托德 · 吉尔克里斯特 编
后浪电影学院 译

选题策划	后浪出版公司	出版统筹	吴兴元
编辑统筹	梁 媛	责任编辑	陈 祺
特约编辑	孙 珊	责任校对	杨 东 支 欣
营销推广	ONEBOOK	装帧制造	墨白空间 · 黄 海

出版发行 四川美术出版社
（成都市锦江区工业园区三色路 238 号 邮编：610023）
开 本 635 毫米 ×965 毫米 1/6
印 张 36
字 数 220 千字
图 幅 210 幅
印 刷 天津图文方嘉印刷有限公司
版 次 2022 年 12 月第 1 版
印 次 2022 年 12 月第 1 次印刷
书 号 978-7-5740-0118-3
定 价 298.00 元

读者服务：reader@hinabook.com 188-1142-1266
投稿服务：onebook@hinabook.com 133-6631-2326
直销服务：buy@hinabook.com 133-6657-3072
网上订购：https://hinabook.tmall.com/（天猫官方直营店）

后浪电影公众号

后浪电影官方淘宝店

作序者简介

迈克尔 · 贾基诺（Michael Giacchino）：作曲家，为诸多人气大片配乐，代表作有《超人总动员》（*The Incredibles*，2004）、《美食总动员》（*Ratatouille*，2007）、《星际迷航》（*Star Trek*，2009）、《侏罗纪世界》（*Jurassic World*，2015）、《星球大战外传：侠盗一号》（*Rogue One: A Star Wars Story*，2016）、《猩球崛起 3：终极之战》（*War for the Planet of the Apes*，2017）、《蜘蛛侠：英雄归来》（*Spider-Man: Homecoming*，2017）、《寻梦环游记》（*Coco*，2017），以及开创性电视剧集《迷失》（*Lost*）。贾基诺为皮克斯热门电影《飞屋环游记》（*Up*，2009）创作的配乐，让他赢得了奥斯卡奖、金球奖、英国电影和电视艺术学院奖、美国广播电影评论家选择奖，以及两项格莱美奖。此外，凭借《乔乔的异想世界》（*Jojo Rabbit*，2019）获英国电影和电视艺术学院奖提名。

莫 · 沙菲克（Mo Shafeek）：Mondo 音乐公司和 Death Waltz 唱片公司的联合创意总监。

斯潘塞 · 希克曼（Spencer Hickman）：Mondo 音乐公司和 Death Waltz 唱片公司的联合创意总监。

托德 · 吉尔克里斯特（Todd Gilchrist）：影评人、娱乐记者、配乐收藏发烧友，在纸媒和新媒体领域已有 20 多年撰稿经验，常年为《综艺》（*Variety*）、《好莱坞报道》（*The Hollywood Reporter*）、《滚石》（*Rolling Stone*）、《娱乐周刊》（*Entertainment Weekly*）等杂志供稿。